KB270203

당신이 나와 같은 시간 속에 있기를

당신이 나와 같은 시간 속에 있기를

당신이 나와
같은 시간 속에
있기를

글과 사진 이미화

감성출판

그런 때가 있다. 내 시간만 유독 느리게 흘러간다고 느껴질 때.

나는 조금 느린 아이였다. 멍하니 창밖을 바라보거나 생각이 한 문장에 머물러 나아가지 못하는 일이 잦았다. 누군가의 말이나 현상을 이해하고 받아들이기까지 남들보다 오랜 시간이 걸렸다. 앞서간 친구들이 한참을 기다려 줘야 하는, 나는 단지 조금 느린 아이였다.

사람들과 나 사이에 시차가 존재한다는 걸 깨달은 건 스무 살이 지날 무렵이었다. 진로를 정하고 취업을 하고 결혼을 하는, 제 시간을 지키며 살아가는 친구들 사이에서 난 늘 지각생이었다. 유행이나 트렌드를 놓치고 사는 건 말할 것도 없었다. 조금 느린 아이였던 나는 세상에 뒤처진 어른이 되어 있었다.

남들과는 다른 시간을 살아간다는 건 못 견디게 외로운 순간들을 혼자 감당해야 하는 일이기도 했다. 이젠 아무도 들여다보지 않는 철 지난 달력의 날짜를 지워 나가다 보면 완벽하게 혼자가 된 기분이 들었다.

하지만 영화를 보는 일은 달랐다. 20년도 더 지난 영화를 꺼내 보거나 한 영화를 오래 들여다보는 일에는 촌스럽다거나 늦었다는 말이 따라붙지 않았다. 영화가 재생되는 동안 우리의 시간은 일치했다. 어떤 속도로 어느 시간을 살아가고 있든, 영화를 보며 내가 느낀 것을 당신도 느꼈을 거라는 생각은 나를 덜 외롭게 했다.

영화와 나의 거리를 좁히는 것, 그러니까 당신과 나 사이의 시차를 줄이는 것이 내가 영화를 보는 이유이며 영화 속으로 여행을 떠나는 이유이기도 하다. 영화를 볼 때처럼 이 책을 읽는 동안 당신이 나와 같은 시간 속에 있기를 바란다.

목차

ALT & NEU
...allplattenhandlung
Antiquariat · CD · Klassik · Pop · Jazz
Teuchtler
Schallplatten-
Anfang

"사랑에 푹 빠진 적 있나?

배도 안 고프고 말도 필요 없는 지독한 사랑에."

"모르겠어요."

"있었다면 기억 못할 리 없지. 뚜렷이 기억할 테니까."

I

리스본행 야간열차

Night Train to Lisbon

Lisbon, Portugal

스스로의
고고학자가
되어

'젊은 시절엔 삶이 영원하다고 여긴다. 죽음이 우리 주위를 날아다니며 얼굴을 스치는 하늘하늘한 리본처럼 닿을 듯 말 듯 가까이 존재하는데도. 변화는 언제 찾아올 것인가. 우리의 목을 언제쯤 옥죄어 올 것인가.'

살아 보지 못한 삶이 끝없는 고요 속으로 가라앉는 것을 지켜봐야만 하는 날들이었다. 만개의 시간을 삼켜 버린 바다는 말이 없었다. 죽음 앞에 누군가는 무력했고 누군가는 분노했으며 나는 그저 살아온 날들을 돌이켜 볼 뿐이었다.

내 인생에도 크고 작은 일들이 있었지만 유난스러운 기억은 아니었다. 유명한 인문계 고등학교의 교복을 입고 있다는 사실만이 겨우 나를 특별한 존재로 느껴지게 했고 이마저도 부모님의 기대보다 못한 대학교에 들어가면서 끝이 났다. 대체 무엇을 위한 날들인지, 누굴 위한 인생인지 몰랐지만 다시 돌아가 완전히 다른 삶을 선택할 만한 인생의 시점도 없었다. 그저 그런 날들이 이어질 뿐이었다.

하지만 그날 이후 내 삶에는 어떤 물음들이 끊임없이 끼어들었다. 오랜 시간 침묵해 온 질문들이었다.[1] 나는 내가 결정한 대로 살아오고

있는가. 삶과 죽음 사이에는 단 하나의 길만 주어져 있는가. 그렇지 않
다면 지금까지 살아온 것과는 완전히 다른 방식으로 살 수는 없는가.
이제껏 지켜 왔던 익숙한 삶과 결별하는 여행을 떠날 수는 없는가.

'우리가 우리 안에 있는 것들 가운데 아주 작은 부분만을 경험할 수 있
다면 나머지는 어떻게 되는 걸까?'[2]

지금까지의 정돈된 인생을 내팽개치고 리스본행 열차에 뛰어오른 그
레고리우스처럼, 나도 내 안에 경험하지 못하고 남아 있는 부분들로
눈을 돌려 내가 경험해 보지 못한 새로운 삶을 살아 보고 싶었다. 지금
까지의 삶을 부정하는 건 아니었지만 이대로라면 무언가를 잃어버린
채 살아갈 것이 뻔하기 때문이었다. 지난하고 혼란스러운 그 과정 속
에서, 스스로의 고고학자가 되어, 나도 알지 못했던 나를 찾아내 끊임
없이 말을 걸어 보고 싶었다.

2015년 3월, 그렇게 나는 베를린으로 떠났다.

1   파스칼 메르시어, 『리스본행 야간열차』 들녘, 2014
2   위의 책

새로운 삶의
가능성이 있음을

'꼭 요란한 사건만이 인생의 방향을 바꾸는 결정적 순간이 되는 건 아니다. 실제로 운명이 결정되는 드라마틱한 순간은 믿을 수 없을 만큼 사소할 수 있다. 엄청난 영향력을 발휘하고 삶에 완전히 새로운 빛을 부여하는 경험은 소리 없이 일어난다.'

학교에서 라틴어를 가르치는 그레고리우스는 평소처럼 오전 8시 15분 전 키르헨펠트 다리로 들어서고 있었다. 다리의 중간 즈음에 다다랐을 때, 뛰어내릴 듯 난간에 서 있는 여자를 발견한 그레고리우스는 그대로 몸을 날려 여자를 제지했다. 그답지 않은 행동이었다. 우산은 바람에 날아가 버렸고 가방이 열리면서 비 내리는 아스팔트 위로 시험지가 쏟아져 나왔다.

"함께 걸어도 될까요?"

듣는 것만으로도 누군가를 공범으로 만들어 버리는 목소리. 그레고리우스는 한없이 길게 늘어지며 속삭이는 듯한 여자의 억양에 완전히 마음을 사로잡히지만[1] 그녀는 붉은 가죽코트와 한 권의 책『언어의 연금술사』만을 남긴 채 홀연히 사라진다. 그레고리우스는 난생처음 느껴 보는 강렬한 의지에 이끌려 의문의 여자와 책의 저자인 아마데우 프라두의 인생을 좇아 리스본행 야간열차에 오른다.

〈리스본행 야간열차〉는 그레고리우스가 포르투갈 의사이자 레지스탕스이자 책의 저자인 아마데우 프라두를 찾는 과정을 담고 있다. 언제 터져 버릴지 모르는 동맥류를 안고 매 순간을 마지막처럼 살다 간 아마데우의 생애. 몇 개의 단어로만 이루어진 듯 건조하게 살아온[2] 자신과는 완전히 다른 인생의 아마데우를 이해해 나가면서 그레고리우스는 새로운 삶의 가능성이 있음을 깨닫게 된다.

'지금이 자기 인생에서 가장 확실하게 깨어 있는 순간임을 절감했다. 지금 이 느낌은 아주 달랐다. 이제껏 몰랐던 세상에 있다는 각성, 전혀 이질적인 눈뜸이었다.'

단조로운 일상을 버리고 베를린이라는 새로운 세상에 도착한 내가 가장 먼저 해야 할 일은 적응이었다. 나라는 세상을 둘러싸고 있던 '당연함'을 벗어던지고 도무지 이해가 되지 않는, 그 모든 '낯섦'에 순응해야만 했다. 낯선 것은 이국의 생활방식뿐만이 아니었다. 어둠 속으로 침잠해 드는 나 자신에게도 적응해야 했다. 겨우내 추적추적 내리는 비 때문이었는지, 비처럼 내리는 어둠 때문이었는지 나는 내면 깊숙이 가라앉았다. 그리고 끈덕지게 물었다. 나는 어떤 사람이고 어떠한 삶을 살고 싶은지. 성장통을 한 번도 겪어 보지 않은 사람처럼 나는 그렇게 때늦은 사춘기를 보내고 있었다.

리스본에 다녀와야겠다고 마음을 먹은 건 베를린의 마지막 계절을 남겨 둔 12월이었다. 이 겨울이 지나면 다시 원래의 일상으로 돌아가야만 했다. 하지만 이전까지의 삶에서부터 너무나 멀어진 나는 지나온 거리를 다시 되돌아가고 싶지 않았다. 그렇다고 무작정 머물 용기도 없었다. 그 무렵 영화 한 편이 다가왔다. 〈리스본행 야간열차〉. 한 남자의 삶을 바꿔 놓은 터무니없는 여행에 관한 영화였다. 고민 끝에 한국으로 돌아가는 대신 베를린으로 떠나오던 날처럼 나는 또 한 번 리스본행 야간열차에 오르기로 했다.

1   파스칼 메르시어, 『리스본행 야간열차』 들녘, 2014
2   위의 책

"확실한 것은, 더 이상 원하지 않는 무엇
인가에서 떠나는 그런 행동이 자기 자신
에게 향하는 필연적인 첫 발걸음이라는
것입니다."

무언가를
남기는 건
산 사람의 몫

비행기에 오르고 얼마 지나지 않아 완전히 다른 세상에 도착해 있었다. 끝날 것 같지 않던 베를린의 겨울을 통과해 도착한 리스본은 12월이라고는 믿기 힘들 정도로 따뜻했다. 공항엔 외투를 벗어 허리춤에 둘러매거나 가방 속에 대충 욱여넣는, 한 계절을 건너온 사람들의 몸짓들로 가득했다. 몸을 한껏 웅크리고 있던 소녀도 제 온도를 찾은 듯 사뿐사뿐 걸어 공항 밖으로 빠져나갔다.

숙소는 코메르시우 광장(Praça do Comércio)에서 그리 멀지 않은 곳에 위치해 있었다. 다른 도시라면 이 비용으로는 꿈도 꿀 수 없는 위치와 시설이었다. "Have a nice trip." 뒤에서 들려오는 직원의 인사말에 살짝 고개를 숙여 보이곤 문을 나섰다.

그레고리우스가 머물던 호텔(실은 호스텔)은 산타 카타리나 거리(Rua de Santa Catarina) 끝에 자리하고 있었다. 두꺼운 안경에 무릎이 나온 코듀로이 바지, 낡은 구두 차림의 그레고리우스가 묵었을 법한 소박한 곳이었다. 고개를 끄덕이며 호텔의 외관을 카메라에 담고는 2분 남짓 걸었을까. 제법 사람들로 붐비는 광장이 나타났다. 산타 카타리나 전망대(Miradouro de Santa Catarina)였다. 잔잔히 흐르는 테주강과 강을 가로지르는 4월 25일의 다리(Ponte 25 de Abril)

가 시야에 담길 정도로 시원한 전망을 자랑하는 곳이었다.

재미있는 사실은 그레고리우스가 찾아 헤매던 '파란 병원' 아마데우의 집이 이곳에 있다는 점이었다. 수월한 영화 촬영을 위해 이동 동선을 줄여야 했을 테지만 그레고리우스가 지도를 보며 한참을 걸어 도착한 곳이 실제로는 그가 머문 호텔에서 2분 거리라니, 허탈한 기분이 드는 건 사실이었다. 그런데 더 재미있는 건 눈앞에 아마데우의 집을 두고도 그냥 지나친 '나' 자신이었다. 공사를 위한 반투명한 천막이 건물 전체를 휘감고 있어 알아채지 못한 것이 이유였다. 마지막 날이 되어서야 몇 날 며칠을 찾아다닌 장소가 처음에 지나쳐 버린 곳이었다는 사실을 깨달은 나는 벤치에 주저앉아 옅은 한숨을 내쉬었다.

그동안 나는 얼마나 많은 것들을 지나치며 살아왔을까. 눈앞에 중요한 순간들을 두고선 얼마나 오랜 시간을 돌아왔을까.

"아마데우를 보고 싶다면 프라제레스 공동묘지로 가 봐요."

아마데우의 집에서 만난 나이 든 메이드의 비밀스러운 속삭임을 듣고 프라제레스 공동묘지로 향하던 그레고리우스를 따라 28번 트램에 올랐다. 28번 트램은 1755년 리스본 대지진의 피해를 입지 않은 유일한 지역인 알파마(Alfama) 지구의 구석구석을 지나 캄포 드 오우리케 (Campo de Ourique) 지구까지 운행을 했는데, 캄포 드 오우리케로 향하는 노선의 마지막 정류장이 아마데우가 묻힌 프라제레스 공동묘지(Cemitério dos Prazeres)였다.

좁디좁은 도로를 누비는 28번 트램은 브레이크를 잡을 때마다 끼이이이익 하고 쇳소리를 냈다. 트램 내부에는 성인 두 사람이 앉기에는 다소 무리가 있어 보이는 좌석이 좁다랗게 놓여 있었고, 커다랗게 부착된 '소매치기 조심'이라는 문구가 얼마나 많은 관광객들이 이 좁은 트램 안에 올라타는지 짐작하게 했다. 가다 서다를 반복하는 트램의 가죽 손잡이가 연신 달랑거렸다.

정류장에서 내리자마자 프라제레스 공동묘지 입구에 세워진 하얀 십자가가 눈에 들어왔다. 입구 앞에서 망설이는 내가 신경이 쓰였는지 경비원 아저씨가 들어가도 좋다는 손짓을 했다. 묘지는 생각했던 것 이상으로 규모가 크고 고요했다. 말을 하지 않을 때에야 비로소 완성이 되는 '침묵'이라는 단어가 묘지 전체에 내려앉은 듯했다. 수많은 입술 자국과 색색의 꽃들, 묘지투어를 하는 사람들로 넘쳐 났던 파리의

묘지들과는 완전히 다른 분위기였다. 프라제레스 공동묘지에는 조문을 위한 꽃다발 외에는 외부의 것이라고 여겨질 만한 것들이 보이지 않았다. 꾸준히 관리가 되어 온 곳이라고 하지만 낙엽 하나 떨어져 있지 않은 묘지에는 스산한 기운마저 감돌았다.

발아래 그림자를 빼고는 살아 움직이는 것이라곤 없는 묘비들 사이에서, 무언가를 남기는 건 언제나 그렇듯 산 사람의 몫이라는 생각이 들었다. 그것이 미련이든 후회든. 좋은 기억이든 슬픈 기억이든.

그저 이 거리를
걸을 수밖에

리스본 시내로 돌아오는 길에 트램에서 내려선 곳은 바이로 알토(Bairro Alto) 지구의 한 골목이었다. 그레고리우스가 앉아『언어의 연금술사』를 읽던 상 페드루 지 알칸타라 전망대(Miradouro de São Pedro de Alcântara)의 벤치를 찾아가기 위해서였다. 트램 정류장에서 전망대까지는 길고 긴 오르막길이 이어져 있었다. 일곱 개의 언덕 위에 세워진 도시답게 리스본에서는 가파른 언덕을 오르는 게 일이었다. 어디에든 언덕이 있었고 언덕이 없는 곳엔 계단이 있었다. 푸니쿨라를 이용하는 대신 두 다리만 믿고 계단을 오르다 정상에서 후우 하고 깊은 숨을 몰아쉰 게 한두 번이 아니었다.

상 페드루 지 알칸타라 전망대에서는 저 멀리 알파마 지구와 조르즈 성(Castelo de S. Jorge)이 희미하게 보였다. 갑자기 흐려진 날씨 탓에 선명하진 않았지만 인간의 힘으로는 도저히 도달할 수 없는 아득한 곳처럼 느껴지는 게 마음에 들었다.

리스본의 야경을 담기 위해 해가 질 때까지 나 홀로 골목 투어를 나서기로 했다. 처음에는 길을 잃지 않으려고 큰길 위주로 다니다가 집집마다 발코니에 걸린 빨래를 따라가다 보니 바다 한가운데를 표류하는 돛단배 신세가 되어 있었다. 걷다 지친 나는 이름 모를 골목에 앉아 눈에 띠게 어두워진 하늘을 올려다봤다. 그래도 두렵지 않았던 건 이곳이 망망대해는 아니라는 사실 때문이었다. 어느 골목에나 사람 사는 흔적으로 가득한 거리를 걸으면서 내가 모르고 살았던 공간에서도 누군가는 빨래를 하고, 잘 마르기를 바라는 마음으로 바삭한 햇볕 아래 널어 두는 일을 반복하고 있다는 사실에 안도하고 있었다.

"새 안경이 나은지 아직 잘 모르겠죠? 익숙해지려면 시간이 좀 걸릴 거예요."

빨래를 하는 삶은 어디서든 지속되고 있었다. 그래서 그 일상적인 풍경은 내가 떠나온 곳을 떠올리게 하는 동시에 나도 발을 붙이고 살아봄직한, 또 다른 삶의 가능성을 그려 보게 했다. 원작 소설 『리스본행 야간열차』의 작가 파스칼 메르시어가 그레고리우스를 다른 곳이 아닌 리스본으로 떠나보낸 이유를 이해할 수 있을 것 같았다.

상 페드루 지 알칸타라 전망대의 야경은 생각만큼 감동적이지는 않았다. 거리에 수많은 가로등이 어둠이 주는 감동을 방해하는 것처럼 보였다. 밤이 되니 리스본에도 서늘한 바람이 불었다. 그래도 베를린에 비하면 여전히 포근한 겨울밤이었다.

나아갈 수도,
되돌아갈 수도

조식도 포기한 채 이불 속에 파묻혀 마지막 한 명이 방을 나가는 것
까지 지켜보고 나서야 침대를 빠져나왔다. 아마데우의 레지스탕스
동료 주앙이 지내는 카실랴스(Cacilhas) 요양원으로 찾아가기 위
해서는 카이스 두 소드레(Cais do Sodré)에서 배를 타고 알마다
(Almada) 지구로 이동해야 하는데, 아침부터 여유를 부린 이유가 여
기 있었다. 내가 머무는 숙소가 카이스 두 소드레역과 이어진 곳이기
때문이었다.

느긋하게 샤워를 마치고 나와 모닝 커피도 한 잔 마셨더니 시간은 벌
써 11시를 지나고 있었다. 간단한 차림으로 촬영할 사진만 손에 들고
팔랑팔랑 숙소를 빠져나오는데 지하철역 밖에 군밤장수가 보였다. '리
스본 군밤'. 마치 한 단어처럼 느껴지는 이 조화로움이라니. 2유로에
봉투 한가득 담긴 군밤을 들고선 또 팔랑팔랑 선착장으로 걸어갔다.

군밤을 거의 다 먹어 갈 즈음 나는 이곳이 내가 찾던 장소가 아니라
는 사실을 깨달았다. 바다가 발아래로 찰방대는 부둣가까지 걸어가
보기도 하고 역무원을 붙잡고 사진을 들이밀어도 봤지만 내가 찾는
장소는 없었다. 알고 보니 영화 속에 나온 항구는 이곳이 아닌 벨렘

(Belém)[1] 지구에 있는 페리 선착장이었다. 그제야 깨달은 나는 정신없이 벨렘 선착장으로 향하는 728번 버스에 올라탔다.

'그들은 그가 하루 동안 지나온 엄청난 거리를 절대 이해할 수 없을 터였다. 그는 이미 그 거리를 지나왔고, 자신이 감행한 이 조용한 여행을 다른 사람들이 무위로 돌려 버리는 것을 원치 않았다.'

희미한 구름이 드리워진 하늘에 하얗게 솟은 벨렘 선착장은 말없이 고요하기만 했다. 떠나는 사람도, 떠나지 않는 사람도 홀로 남겨진 기분이 들 것 같은 풍경이었다. 이곳에서 자신의 목소리를 내는 건 붉은 지붕뿐이었다. 벨렘 지구를 여행할 생각은 없었지만 이왕 여기까지 온 거 강변을 따라 조금 더 둘러보기로 했다. 선착장과 그리 멀지 않은 곳에 세워진 발견 기념비(Padrão dos Descobrimentos)는 대항해 시대를 기념하기 위한 것으로, 서쪽 대륙의 끝에서 새로운 세상으로 나아갔던 인물들의 모습이 조각되어 있었다. 누군가는 깃발을 높

---

1   대항해 시대 포르투갈의 영광이 서려 있는 곳으로 최초로 세계일주를 한 페르난도 마젤란, 최초로 희망봉을 항해한 바르톨로메우 디아스, 인도로 가는 해양 항로를 발견한 바스코 다 가마 등이 출항을 해 유명하다.

이 쳐들었고, 누군가는 나침반을, 누군가는 지도를 들고 나아가고 있었다. 강과 바다의 경계를 나누는 일이, 특히 포르투갈처럼 대륙의 끝이라면 더더욱 무의미하다고 생각했는데 새로운 세상으로 나아가는 출항지였던 이곳, 벨렘에서부터 바다라고 부른다는 말에는 납득을 하지 않을 수 없었다.

조금 더 걸어 도착한 벨렘 탑(Torre de Belém)은 커다란 성의 윗부분만을 남긴 채 바다에 잠긴 모습이었다. 나는 탑을 오르는 대신 얕은 바닷가로 걸어갔다. 드문드문 자리한 사람들 사이에 무릎을 세우고 앉아 가슴속에 배 한 척 품었던 그날을 떠올렸다. 500년 전의 누군가는 새로운 세상을 향해 뛰어들었고 누군가는 끝없는 영원 속으로 사라져 갔다. 자리를 털고 일어선 나는 앞으로 나아갈 수도, 되돌아갈 수도 없어 젖은 모래 위에 발자국을 남겼다.

아마데우의 오랜 친구인 조지가 운영하던 약국에 도착한 건 오후 5시가 지나서였다. 약국은 리스본에서도 거의 동쪽 끝이라고 할 수 있는 Marvila 지구의 인적 드문 곳에 위치해 있었다. 벨렘 지구에서 약국까지 직행버스가 있다는 사실에 기뻐하며 이후에 어떤 일이 벌어질지 전혀 알지 못한 채 버스에 올라탔다.

조지의 약국은 낡은 건물이 줄지어 선 길 끝에 있었다. 페인트칠이 벗겨진 건물은 친구와 사랑하는 여자를 동시에 잃은, 이제는 노인이 되어 버린 조지를 떠올리게 했다. 그렇게 몇 분이 지나고, 문이 굳게 닫힌 약국을 카메라에 담고 나서야 나는 나를 둘러싼 공기의 온도를 체감했다. 나를 향한 경계의 눈초리와 격양된 목소리로 뱉어 내는 말들이 몸 구석구석에 날아와 박혔다. 몸이 굳은 채로 서 있는 내게 한 사내가 다가오는 게 느껴진 찰나, 나는 무작정 버스를 향해 달렸다.

나는 마치 마틸다처럼[2] 눈물범벅이 된 채로 버스의 문을 두드렸다. 버스 맨 뒤 구석 자리에 몸을 숨기고는 어디로 가는지, 몇 번 버스인지도 모르는 채로 마음이 진정될 때까지 한참을 숨죽여 기다렸다. 다행히 버스는 리스본 시내로 향하고 있었다.

숙소에 와서야 알게 된 사실이지만 Marvila 지구는 범죄 발생률이 높은 지역이었다. 어떠한 의도와 오해가 있었는지는 모르겠지만 나의 부주의함이 첫 번째 문제였다. 나는 여전히 덜덜 떨리는 손으로 가방을 챙겼다. 리스본의 마지막 밤이 지나고 있었다.

---

2   영화 <레옹>의 주인공. 가족이 모두 살해당한 현장 앞에서 옆집의 문을 두드린다.

아마데우와 그를 둘러싼 사람들의 생애를 좇았던 그레고리우스는 여행의 끝에서 자신의 삶을 되돌아본다. 리스본에서의 며칠을 제외한 자신의 인생은 어디에 있는지. 활력과는 거리가 먼, 무거운 안경을 코에 걸치고 살아왔던 지금까지의 삶은 무엇이었는지.

"Why don't you just stay?"

베른으로 돌아가는 기차 앞에 선 그레고리우스를 향해 마리아나는 말한다. 머뭇거리는 듯 돌아선 그레고리우스가 어떤 선택을 하는지는 그리 중요하지 않다. 돌아와도, 돌아오지 않아도 여행 이후의 그는 이미 예전의 그가 아닐 테니까.

'어디로 가든 당신도 야간열차를 타야 할 때가 온다. 낯선 정거장의 플랫폼에 발을 딛고 역사에 풍기는 냄새를 맡으며, 당신은 겉으로만 먼 곳에 도착한 것이 아니라 마음속 외딴 곳에 왔음을 깨달을 것이다. 그먼 곳을 돌아 다시 찾아왔을 때 당신이 발견하는 것은 이미 예전의 당신이 아닌 당신일 것이다.'

산타 아폴로니아(Santa Apolónia)역에 선 나도 다시 한 번 나의 지난

날을 떠올렸다. 베를린으로 떠나오기 전 계획했던 일의 80%는 현실에 부딪혀 좌절되거나 이룰 수 없는 마땅한 변명을 찾아내 접어 둔 지 오래였다. 봄, 여름, 가을, 겨울. 베를린의 사계절이 지나갔지만 여전히 나는 여행객에 불과한 삶을 살고 있었다. 실망스러운 날들이었다.

그럼에도 불구하고 나는 베를린에 남기로 했다. 물론 앞으로의 생활이 실망으로만 가득 찰지도, 기대와는 다른 방향으로 흘러갈지도 모른다. 그래도 계속해서 불확실한 꿈을 꾸고 새로운 삶을 그려 보려는 건 아마데우의 말처럼 인생은 '우리가 사는 그것이 아니라 산다고 상상하는 그것'이기 때문이다.

나는 나의 다짐이 새어 나가지 않도록 주먹을 꼭 쥐었다.

실현이 거의 불가능하겠지. 해답은 노력 속에 있어."

"만일 신이 있다면 우리 안엔 없을 거야. 너나 내 안엔.

우리 사이의 공간에 존재할 거야.

마법은 서로를 이해하려는 노력 속에 있을 거야.

실현이 거의 불가능하겠지. 해답은 노력 속에 있어."

비포 선라이즈

Before Sunrise

Wien, Austria

사랑에 빠지는 순간엔
언제나

"정신 나간 소리처럼 들릴 수 있지만 말 안 하면 평생 후회할 것 같아서. 너와 계속 이야기를 나누고 싶어. 우린 뭔가 통하는 것 같아."

파리로 향하는 열차에서 우연히 만난 셀린과 제시는 쉴 새 없이 대화를 주고받으며 서로에게 빠져든다. 오고 가는 시선과 대화만이 그들의 시간을 채운다. 기차는 어느덧 제시의 목적지인 비엔나에 도착하고, 제시는 셀린에게 비엔나에서 함께하기를 청한다.

내가 사랑에 빠지는 순간엔 언제나 대화가 있었다. 마치 기대하던 영화의 재생버튼을 이제 막 누른 것처럼, 무언가를 떠올리려 찡그리는 눈썹과 머뭇거리는 입술, 이따금씩 허공에 뻗는 손가락 끝을 따라가다 보면 속수무책으로 그에게 빠져드는 것이었다. 제시와 셀린이 비엔나로 향하는 기차에서 대화를 나눈 30분은, 그래서 사랑에 빠지기 충분한 시간이다. "너와 계속 이야기를 나누고 싶다."는 제시의 말이 최고의 사랑고백인 이유이기도 하다.

헤어짐의 이유에도 늘 대화가 문제였다. 대화에 이끌려 사랑에 빠졌다가 더 이상 서로의 이야기가 궁금하지 않을 때 헤어지는 과정을 반복했다. 시간이 지날수록 대화는 줄어들었고 이야기가 잘 통하던 사람은 사라지고 없었다. 살아간다는 건, 일생 동안 대화가 잘 통하는 사람을 찾아 헤매는 것일지도 모른다는 생각을 했다.

"오랜 부부일수록 대화가 안 통한다고 하죠. 나이가 들수록 남자는 고음을 듣는 능력이, 여자는 저음을 듣는 능력이 떨어진대요."

'비포 시리즈'는 〈비포 선라이즈〉를 시작으로 9년 뒤의 재회를 담은 〈비포 선셋〉과, 다시 9년이 흐른 뒤 위기를 맞은 40대의 이야기를 다룬 〈비포 미드나잇〉까지, 시간이 흐르면서 변해 가는 두 남녀의 생각을 대화의 형식으로 그려 낸다. 20대의 풋풋한 하루를 담은 〈비포 선라이즈〉는 기차에서 우연히 만난 두 남녀가 서로에게 빠져드는 과정을 보여 준다. 시간은 계속 흐르지만 그들이 나눈 대화는 그곳에 그대로 남는다. 영화가 개봉한 지 20년이 지났지만 많은 사람들이 여전히 비엔나를 찾는 이유이기도 하다.

"확실한 건 내일 아침 9시 비행기를 타야 한다는 것뿐이지만, 너와 함께 걷고 싶다."고 이야기하는 제시를 만나기 위해, 나도 셀린처럼 대화가 잘 통하는 남자를 만날지도 모른다는 비현실적인 낭만을 꿈꾸기 위해 비엔나행 기차에 올랐다.

6. Getreidemarkt

특별하진 않아도
낭만적인

열차가 비엔나로 향하는 내내 혹시 누군가 말을 걸어 오진 않을까 괜한 기대심에 턱을 빳빳이 세우곤 책에 시선을 고정했다. 내용은 하나도 눈에 들어오지 않았고 이십 분째 같은 문장만 반복해서 읽으면서도 뭐가 그리 좋은지 새어 나오는 웃음을 참느라 입술을 꽉 깨물어야 할 정도였다.

당연한 일이지만 기차를 두 번이나 갈아타는 동안 나에겐 아무 일도 일어나지 않았다. 그래도 여전히 제시 같은 남자가 나타날지도 모른다는 환상 속에 빠진 채로 비엔나 서역(Westbahnhof)을 빠져나왔다.

예상보다 좋은 날씨에 숙소로 가려던 생각을 바꾸고 촐암트슈테그 다리(Zollamtssteg Bridge)로 향했다. 조금 어색해진 공기를 깨고 제시가 "Nice Bridge."라는 말을 건네던 이 다리는, 비엔나 시립공원을 지나 도나우강 하구로 이어지는 길목을 가로지르고 있었다. 비엔나역과 가까워 보이는 영화와는 달리 실제로는 서역에서 도보로 두 시간이 넘게 걸리는 거리였다.

주로 걷는 여행을 선호하는 나는, 그래서 잘 멈춰 선다. 역을 빠져나와 두 시간가량 다리를 찾아 헤매면서도 곧잘 멈춰 섰다. 지도를 보면

서 한 번, 입고 있던 카디건을 배낭 속에 구겨 넣으면서 또 한 번, 이마며 등이며 흐르는 땀을 닦다가도 비엔나의 모습을 카메라에 담느라 또 한 번. 그렇게 도착한 다리 위에서 나는 그대로 주저앉을 수밖에 없었다. 땀에 엉긴 머리카락을 뒤로 넘기며 고개를 절레절레 저었다. 스스로 고집을 부린 결과였다. 숙소가 역 근처였음에도 비엔나에 막 도착한 제시와 셀린을 따라 걷고 싶어 배낭을 멘 채 두 시간가량을 걸어온 것이었다.

배낭을 등받이 삼아 주저앉아 이따금씩 녹색의 낡은 철제다리 위를 오가는 사람들을 바라봤다. 꽤 오랜 시간을 들여 걸어온 것치고 특별한 다리는 아니었지만, 낭만과는 거리가 멀어 보이는 평범한 다리도 〈비포 선라이즈〉를 따라 걷는 나에겐 영화의 한 장면처럼 느껴졌다.

8월 말, 비엔나의 하늘은 딱 그만큼 욕심을 부렸다.

영화가
끝날 때까지는

ALT & NEU
Teuchtler
DIE FUNDGRUBE DER SAMMLER
Schallplattenhandlu
Antiquariat · CD · Klassik · Pop ·
hallplatten-
ndlung
MINT

Come here Come here (이리로 와요)
No I'm not impossible to touch (난 느낄 수 있어요)
I have never wanted you so much (당신을 이토록 원한 적은 없어요)
– Kath Bloom, 'Come Here'

비엔나로 떠나온 많은 여행자가 그랬듯, 나 또한 〈비포 선라이즈〉를 보며 낯선 곳에서의 로맨스를 꿈꾸기 시작했다. 눈앞에 있는 사람과 죽음, 사랑, 꿈, 영혼 따위의 보이지 않는 것에 대해 이야기하는 것만큼 낭만적인 일이 또 있을까. 셀린에게 단 한 번이라도 자신의 모습을 투영해 본 사람이라면 비엔나의 거리를 걷는 동안 마음속 작은 설렘의 씨앗을 품고 있는 건 어쩌면 당연한 일이다. 좁은 청취실 안에서 서로를 몰래 바라보던 ALT&NEU Teuchtler 레코드숍 안에서라면 더욱 그렇다.

알트운트노이(ALT&NEU, Old&New)는 그 이름처럼 오래된 것과 새로운 것이 공존하는 곳이었다. 청취실의 문은 굳게 닫혀 있었고 캐스 블룸(Kath Bloom)의 음반도 액자에 걸려 있는 것으로 대신해야 했지만 가게는 20년 전의 영화 속 모습을 그대로 간직하고 있었다. 마치 1994년의 영화 속으로 걸어 들어온 기분이었다. 수없이 반복해서 본 영화는 향수를 남긴다. 한 번도 가 본 적 없는 곳에 대한 그리움. 〈비포 선라이즈〉를 보면서 난 이곳을 그리워했는지도 모르겠다. 이 순간을 위해 미리 받아 놓은 캐스 블룸의 'Come Here'를 재생시켰다. 빼곡히 들어찬 레코드 숲에서 20년 전의 제시와 셀린을 만나는 순간이었다.

가게를 둘러보며 제시와의 로맨스에 젖어 있던 나에게 배가 불룩한 아저씨가 다가왔다.
"네가 좋아할 만한 것들이 안쪽에 더 있을 거야. 그런데 너도 영화 보고 왔니?"

눈을 동그랗게 뜨고 바라보니 내 손에 들린 레코드판을 가리켰다. 친구에게 추천받은 슈베르트의 '죽음과 소녀(Der Tod und das Mädchen)' 레코드였다. 최근 진중권 작가의 책『춤추는 죽음』을 읽고 예술로 표현된 죽음에 관심이 생긴 참이었다. 죽음은 오랜 기간 예술가들에게 영감을 주는 소재였는데 특히 내 마음을 움직인 건 에곤 실레의 〈죽음과 소녀〉[1]라는 작품이었다.

1　에곤 실레의 <죽음과 소녀>는 비엔나 벨베데레 궁전에 전시되어 있다.

서로를 부둥켜안고 있지만 어딘지 위태로워 보이는 〈죽음과 소녀〉의 남녀는 격정적인 사랑을 나누었던 실레 자신과 연인 발리의 이별을 표현한 작품이다. 실레에게 이별은 곧 죽음이었다. 가느다란 팔로 연인을 움켜쥔 소녀의 모습이 가까스로 삶을 붙잡고 있는 것처럼 보이는 건 착각이 아니다. 발리는 실레와의 이별 후 종군간호사로 참전해 1917년 사망했으며 그로부터 1년 뒤 실레 또한 스페인 독감으로 세상을 떠나고 만다.

죽음을 예술로 승화시킨 또 다른 예술가 슈베르트는 열네 명의 형제들 중에서 살아남은 다섯 명 중 한 사람이었다는 것만으로도 그가 얼마나 죽음과 가까웠는지 알 수 있다. 스물일곱의 나이에 완성한 곡 '죽음과 소녀'는 매일 밤 잠들 때마다 "다음 날에 눈을 뜰 수 없다면 좋겠다."고 말했던 슈베르트 그 자체를 담은 음악이라고도 할 수 있다.

이 두 오스트리아 예술가가 그랬던 것처럼 셀린도 계속해서 죽음에 대해 이야기했다. 죽음을 직감하는 그 몇 초가 두려워 비행기를 타지 못한다거나 도나우강에서 떠내려온 시신을 묻어 둔 공원에 찾아간다. 제시와 재회하지 못하는 이유에도 할머니의 죽음이 있다. 셀린은 그런 자신을 가리켜 죽음을 앞둔 노인과 같다고 말한다.

“친구에게 줄 선물을 찾고 있어요. 그리고..”

손에 쥐고 있던 영화의 스틸컷을 보여 주며 웃자 그는 〈비포 선라이즈〉 이후 영화 팬들이 자주 이곳을 방문한다고 말했다. 손님들의 얼굴이 나오지 않는 선에서 사진을 찍어도 좋다는 말도 덧붙였다. 그제야 레코드판을 뒤적이고 있는 사람들이 눈에 들어왔다. 셀린과 제시가 음악을 듣던 청취실과 캐스 블룸의 앨범은 영화를 위해 만들어진 것이었지만 60년이 넘게 그곳을 지키고 있는 낡은 레코드 가게는 실제로 LP를 사고파는 일상적인 공간이었다. 아이러니하게도 일상의 공간에서 영화는 더욱 실제처럼 느껴진다. 영화 같은 일이 나에게도 일어나리라는 기대감. 독일의 한 기자는 이곳을 ‘모두 환상이거나 혹은 또 다른 현실(alles Illusion oder eben eine andere Realität)’이라고 표현했다.

가게를 빠져나오면서 아직은 영화 속에 머물고 싶다는 생각을 했다. ‘그래, 나는 지금 막 비엔나에 도착했으니까. 여행이, 그리고 영화가 끝날 때까지는.’

VOKAL
A-E
VOKAL - DIVERSES
VOKAL
S-Z
SINATRA
DEAN MARTIN'S
GREATEST HITS
Now Is The Hour

Kath Bloom
ALT & NEU
THE WHO Live In Concert
MADONNA
JOSE FELICIANO
Sonntag 28. April 19:30 Uhr
Großer Konzerthaus Saal Wien
RCA
Stephane Grappelli & Hank Jones
SHEP FI
ALL NIGHT LONG
RAW

환상은
그저
환상으로만

붙잡고 싶은 순간들이 있다. 어스름한 달빛 속을 더듬어 언덕을 오르던 때, 새벽녘 가라앉은 서로의 말소리에 귀 기울이던 때, 가던 길을 멈추고 올려다본 밤하늘에 짧은 감탄을 내뱉던 때. 소리 없이 사그라드는 저녁빛[1]처럼 금세 사라져 버릴 순간들이었다. 비엔나의 한 놀이 공원, 관람차에 올라 해가 지는 비엔나를 내려다보던 제시와 셀린도 시간을 붙잡으려는 듯 키스를 나누지만, 관람차는 그저 시계바늘처럼 돌아갈 뿐이다.

우리에겐 영화 속 키스 장면으로 유명한 프라터 공원의 관람차(Riesenrad)는 비엔나 시민들에게 의미 있는 곳이기도 하다. 프라터 공원은 이전에는 오스트리아의 합스부르크 왕가에서 사냥터로 사용하던 곳으로 1766년 일반인에게 개방하면서 일반 공원으로 만들어졌다. 관람차는 1897년 프란츠 조셉 황제 통치 50주년을 기념해 세워졌으나 1944년 화재로 불에 타 1년 뒤 재건하였으며 이후 비엔나 시민들에게 가장 사랑받는 놀이기구가 되었다.

프라터 공원의 저녁빛을 담고 싶어 해가 지길 기다리다 보니 어느새

1 　남진우, 「저녁빛」 『타오르는 책』, 문학과지성사, 2000

시간은 밤 9시가 되어 가고 있었다. 비엔나의 여름 한낮의 길이는 길고 긴 겨울밤에 복수라도 하듯 끈질겼다. 반면 해가 지기 시작하니 언제 그랬냐는 듯 미련 없이 어둠이 내리기 시작했다. 인적이 드문 놀이 공원에는 어둠이 더 빨리 내려앉았다. 표를 구입하고 그리 길지 않은 대기 줄에 서서 기다리고 있는데 어디선가 한국인 커플의 목소리가 들려왔다.

"내 로망을 10유로에 샀다!"

피식하고 웃음이 나왔지만 생각해 보니 그럴듯했다. 관람차 한 바퀴에 10유로(약 13,000원)라니. 안 그래도 터무니없이 비싼 가격이라고 생각하고 있던 차였는데, 고작 10유로로 낭만을 살 수 있다면 꽤 괜찮다는 생각이 들었다.

하지만 기대와는 달리 우리는 10명이 넘는 사람들과 함께 탑승해야 했다. 연인, 가족 단위의 사람들이 창문에 다닥다닥 붙어 연신 감탄사를 연발했다. 사진을 찍어야 하는데 다른 사람의 머리나 어깨가 계속 앵글에 걸렸다. 영화에서처럼 로맨틱한 장면을 연출하려면 시간당 200유로가 넘는 럭셔리 칸을 예약해야만 했다. 그럼 그렇지. 낭만은

10유로엔 살 수 없는 것이었다.

"사람들은 낭만적 환상을 갖길 좋아해. 아주 비현실적이지."

프라터 공원을 빠져나오면서 환상은 환상으로만 남겨 두는 편이 나을 거라고 말하던 제시를 떠올렸다. 현실에서 환상은 결국 실망으로 이어진다는 의미였다. 환상은 이루어지지 않아야 그저 낭만으로 남을 수 있는 걸까. 마치 이루어지지 않은 첫사랑처럼?

서로의 고요를
존중하며

비엔나의 거리를 걷다 보면 100년이라는 시간이 그리 멀게 느껴지지 않는다. 19세기 예술가들이 즐겨 찾던 첸트랄 카페(Café Central)를 중심으로, 프로이트의 단골카페로 유명한 카페 란트만(Café Landtmann), 클림트와 에곤 실레가 처음 만난 카페 뮤제움(Café Museum) 등 100년의 시간이 먼지처럼 쌓인 카페들을 지나다 보면 수많은 예술가들의 만남과 이별, 작품 활동이 마치 어제 있었던 일처럼 느껴지기 때문이다. 영화 〈그랜드 부다페스트 호텔〉의 모티브가 된 소설의 원작자인 슈테판 츠바이크는 자신의 회고록인 『어제의 세계(Die Welt von Gestern)』에서 비엔나의 카페 문화에 대해 이렇게 기록했다.

'빈의 커피하우스는 (…) 싼값의 커피 한 잔으로 누구와도 가까이할 수 있는 클럽이었다. 거기에서는 어떤 손님일지라도 커피 한 잔 값으로 여러 시간을 앉아서 토론하고, 글을 쓰고, 트럼프 놀이를 하고, 편지를 쓰고, 무엇보다도 수없이 많은 신문을 읽을 수 있었다.'

셀린이 간접적으로 자신의 마음을 고백하던 카페 슈페를(Café Sperl)은 슈테판 츠바이크의 글을 그대로 공간으로 가져온 듯한 곳이었다. 이른 시간에 찾은 카페 슈페를은 조곤조곤 말소리가 오고 가는 가운

데 사람들을 에워싼 공기의 온도가 아침 햇살처럼 신선하게 고요했
다. 서로의 고요를 존중하며 시간을 보내는 사람들을 구경하다 보니
어느새 주문한 커피, 멜란지(Melange)가 나왔다.

멜란지는 에스프레소 위에 따뜻한 우유를 붓고 우유 거품을 살포
시 올려 마무리한, 비엔나 스타일의 카페 라테라고 할 수 있다. 우
리가 흔히 비엔나 커피라고 부르는 커피의 진짜 이름은 아인슈페너
(Einspanner)로 에스프레소 위에 휘핑크림을 듬뿍 올린 커피를 말한
다. 아인슈페너를 마실 수도 있었지만, 가끔은 부드러운 커피가 진한
에스프레소보다 여운을 남기기도 하니까.

웨이트리스가 "Bitte schön(Here you are)."이라는 말과 함께 건네
준 은쟁반 위에는 멜란지와 한 잔의 물, 그리고 각설탕이 가지런히 담
겨 있었다. 커피 위의 뽀얀 우유 거품은 마치 하얗게 쌓인 눈처럼 고
왔다. 따뜻한 커피를 입 안 가득 머금으니 입술 주변에 하얀 눈이 묻
어났다.

"기차에서 만난 남자와 비엔나에 내렸어. 얘기가 잘 통하고 너무 귀여
웠어. 어렸을 때 할머니 유령을 본 이야기를 하는데 그때 정이 들었어.

그런 예쁜 꿈을 지닌 꼬마가.. 날 사로잡았어."

말로는 전하지 못한 진심을 친구와 통화를 하듯 이야기하는 셀린의 모습을 떠올렸다. 천사 같은 웃음을 지으며 디링디링 벨을 울리던 그녀가 금방이라도 눈앞에 나타날 것만 같았다.

진정한 사랑이란 건

"마치 꿈속에 있는 기분이야."

"이 시간을 우리가 만들어 낸 것 같아. 서로의 꿈속에 나타나는 것처럼."

"정말 멋진 건 이 밤이 계획된 게 아니라는 거야."

'두 남녀가 낯선 도시에서 만나 돌아다니며 이야기를 나눈다'가 시나리오 구상의 전부였다는 이 영화는 결국 하루를 꼬박 걸어 비엔나의 밤에 이른다. 낯선 도시의 낮과 밤을 그저 발길 닿는 대로 걸으며 대화를 나누는, 그 일상적이면서도 환상적인 시간은 결국 달리고 달려 목적지에 도착하고 만다. 우리는 곧 낭만에서 깨어나야 한다. 소리 없이 새벽이 밝아 오면, 이 미명과도 같은 연인은 헤어져야만 할 것이다.

두 사람이 난간에 기대어 비엔나 오페라 극장의 야경을 감상하던 곳은 알베르티나 박물관(Albertina Museum)의 2층 테라스로, 전시 관람권 없이도 자유롭게 머물 수 있는 곳이었다. 알베르티나 박물관은 알브레히트 뒤러의 수채화 〈토끼〉를 소장해 유명한 곳인데 이 외에도 피카소, 모딜리아니, 모네, 드가 등의 근대미술 작품을 관람할 수 있다. 박물관 앞 커다란 동상은 두 사람이 헤어지기 전 마지막으로 아침 햇살을 맞으며 사랑을 속삭이던 장소다.

클로징 멘트를 들으며 박물관을 빠져나왔는데도 여전히 비엔나의 하늘은 밝기만 했다. 아직 해가 지려면 세 시간은 더 있어야 할 것 같은데, 저녁을 먹으러 가자니 여행지에서는 식욕이 거의 없는 이상한 바이오리듬 때문에 썩 내키지 않았다. 커피하우스에서 커피 한 잔으로 세 시간씩이나 자리를 지키기엔 눈치가 보여 결국 동상 앞에 앉아 해가 지기를 기다리기로 했다.

테라스는 생각보다 한적해서 엉덩이를 부비적거리기에 딱이었다. 시집을 읽기도 하고 사진을 들여다보기도 하며 시간을 보내다 테라스 앞에서 말없이 서로를 바라보는 노부부에게로 시선이 옮겨졌다. 두 손을 꼬옥 맞잡은 노부부의 주름진 미소는 살아온 세월의 길을 따라 걷고 싶어지게 만드는 것이었다.

"서로를 아는 것이 진정한 사랑일 거야. 머리를 어떻게 빗는지, 어떤 옷을 입을지, 어떤 상황에서 어떻게 말할 건지. 그게 진정한 사랑이야."

셀린은 '진정한 사랑'이란 서로를 이해하려는 노력 속에, 그리고 오래된 부부처럼 관계를 유지하는 데 정성을 쏟는 사람들 사이에 존재한다고 믿는다. 시간이 지날수록 우리는 너무나도 익숙해져 버린 서로에게 권태를 느낄지 모른다. 대화는 줄어들고 침묵만이 빈 공간을 메우게 될 수도 있다. 하지만 이 모든 것을 처음으로 되돌려 놓는 것은 대화다. 사라진 줄만 알았던 '그' 대화가 잘 통하던 사람은 다름 아닌 내 눈앞에 있는 '이' 사람이다.

결국 살아간다는 건 일생 동안 대화가 잘 통하는 사람을 찾아 헤매는 것이 아니라[1] 대화를 통해 옆에 있는 사람과의 관계를 유지해 나가는 것이라는 걸, 노력과 대화 없이 유지되는 관계란 없다는 걸, 우리는 영화의 끝에서야 깨닫는다.

어느새 어둑해진 알베르티나 박물관의 계단에 앉아 노부부가 떠나간 자리를 카메라에 담았다. 테라스는 도시의 불빛으로 환하게 빛나고 있었다.

1   p.52 참조

오랜 여행을 마치고
돌아오는 사람처럼

"사진 찍는 거야. 널 영원히 기억하려고. 이 모든 것도."

셀린을 영원히 기억하기 위해 눈으로 그녀를 담았던 제시처럼, 나 또한 비엔나를 잊지 않기 위해 많은 곳을 카메라에 담았다. 거리마다 큼직하게 자리를 잡은 커피하우스. 맥주 한 잔 사 들고 시청사 앞에 앉아 음악 영화를 보던 여름밤. 한 시간 넘게 넋 놓고 바라본 클림트와 에곤 실레의 작품들. 영화 촬영지를 찾아가기 위해 거리에서 헤맸던 많은 시간들을.

영화상으로 6개월 뒤, 그러니까 12월 16일 다시 만나자는 약속을 하던 기차역을 다시 찾았다. 나 또한 이 여행을 끝내야 하기 때문이었다. 이미 결말을 알고 있었지만 여행의 끝엔 언제나 이별하는 연인의 마음이 되는 건 어쩔 수 없었다. 마지막으로 플랫폼을 둘러봤다. 기차역 어딘가에선 또 다른 제시와 셀린이 마지막 인사를 나누고 있을지도 몰랐다. 물론 비엔나에 나의 제시는 없었지만 현실은 영화가 아니니까. 이제는 현실로 돌아올 차례였다. 기차에 오른 나는 마치 오랜 여행을 마치고 돌아오는 사람처럼 깊은 잠에 빠졌다.

잠에 너무 깊게 빠져 버린 탓에 갈아타야 할 역에 다다라서야 부랴부랴 짐을 챙겼다. 그 덕에 손목시계를 두고 내렸다는 사실을 다음 기차에 올라탄 뒤에야 깨달았다. 그나마 다행인 건 휴대폰은 주머니 속에 얌전히 들어 있다는 사실이었다. 손으로 이마를 짚으며 휴대폰을 확인해 보니 몇 장의 사진과 함께 새로운 메시지가 도착해 있었다.

'어디인 줄 당연히 아시겠죠? 저도 여행할 때마다 영화 촬영 장소를 둘러보곤 해요. 비엔나는 오직 〈비포 선라이즈〉 때문에 갔을 정도죠. 그냥, 어딘가에 당신과 비슷한 생각을 하고 있는 사람이 있다는 걸 말해 주고 싶었어요.'

그와 연락을 이어 간 건 그때부터였다.

KLEINES CAFÉ

“내가 책을 쓴 이유가 확실해졌어.”

“뭔데?”

“저자와의 만남에 당신이 찾아오면 꼭 잡으려고.”

“내가 올 걸 알았다고?”

“책을 쓴 건 널 찾으려는 뜻도 있었어.

책 안 썼으면 어떻게 다시 만났겠어?”

3

비포 선셋

Before Sunset

Paris, France

우리는 대화만으로
어디든 갈 수 있었다

베를린에서 지내고 있던 나와 서울에 살고 있는 A가 유일하게 만날 수 있는 시간은 전화 통화를 할 때뿐이었다. 우리의 거리는 시차만큼 멀었지만 전혀 문제 될 일이 아니라는 데 서로 동의했다. 좁힐 수 없는 거리를 탓하는 대신 우리가 선택한 방법은 상상이라는 공간에 서로를 불러들이는 것이었다. 가고 싶은 장소나 가 본 장소에 대해 말하고 그곳으로 서로를 초대하는 방식이었다. 우리는 대화만으로 어디든 갈 수 있었다.

"지금 가장 가고 싶은 곳이 어디예요?"

평소처럼 대화를 이어 가던 그가 가고 싶은 장소에 대해 물었다.

"파리, 셰익스피어 앤 컴퍼니."

〈비포 선라이즈〉 이후 9년 만에 제시는 파리의 한 낡은 고서점에서 우리를 맞이한다. 셀린과의 하룻밤을 소설로 써 베스트셀러 작가가 된 제시는 저자와의 만남을 위해 파리를 찾았고, 서점 '셰익스피어 앤 컴퍼니'에서 셀린을 발견하게 된다.

기억은 늘 시간보다 속도가 느리다. 내 기억 속 제시는 여전히 눈을 반짝이며 장난기 가득한 얼굴로 사랑을 말하고 있었지만, 심드렁한 표정으로 기자의 질문에 답하는 그의 얼굴에는 9년이라는 시간이 고스란히 담겨 있었다.

"우리 이야기를 영화로 찍어 보려고 해요. 장소는 파리. 셰익스피어 앤 컴퍼니. 어때요?"

영화 연출을 공부한 A는 그동안 우리가 나눈 대화를 소재로 영화를 찍고 싶다고 했다. A는 영화의 전체적인 콘셉트를 구상하고 배우, 장소 등을 선정했고, 나는 우리가 나눴던 대화를 회상해 보며 시나리오를 완성해 나갔다. 어제 본 영화 이야기를 나누는 것과 영화를 만들기 위한 대화는 방향이 완전히 달랐다. 단 하룻밤의 이야기를 쓰는 데 3~4년이 걸렸다는 제시의 말이 과장이 아님을 온몸으로 느끼는 중이었다. 몇 번의 퇴고를 거치고 거쳐 완성본이 나올 때 즈음 A가 베를린에 도착했고, 공항에서 만난 우린 깊은 포옹으로 어색한 첫인사를 대신했다.

만일 내가 A의 품속에서 다른 생각을 할 정신이 있었다면, 9년 전 기

차역 앞에 선 셀린과 제시를 떠올렸을 것이다. 시간과 거리 앞에 용기

내지 못해 그렇게 헤어진 두 사람을.

A와 함께 만든 단편 영화
<셰익스피어 앤 컴퍼니>

상상하던 모습
그대로

나는 늘 모든 인생은 우리 각자가 주인공인 한 편의 영화라는 생각을 했다. 파리의 셰익스피어 앤 컴퍼니를 눈앞에 두고 선 그때도 그랬다. 지금 이 순간이 내 인생의 클라이맥스가 아닐까. 이곳을 찾아가기까지의 과정이 순탄했던 건 아니었지만 갈등이 심할수록 결말의 여운이 오래 남는 영화처럼, 그날은 절대 잊지 못할 한 장면으로 남았다.

파리의 첫인상은 최악이었다. 공항에 도착하자마자 숙소로 향하는 RER B선에서 일행의 가방을 도둑맞을 뻔했고, 역에서는 출처를 알 수 없는 고약한 냄새가 코를 찔러 왔다. 나중에 알게 된 사실이지만 RER B 노선은, 특히 북역은, 영화 〈13구역〉[1]의 모티브가 되었을 정도로 위험한 곳이었다.

'이건 내가 상상하던 파리가 아니야.'

혼이 쏙 빠진 채로 숙소에 대충 짐을 풀고 셰익스피어 앤 컴퍼니가 위치해 있다는 생미셸(Saint-Michel)역으로 향했다. 온 신경이 곤두서서인지 누군가 나를 조금이라도 건드리면 빽 소리를 지를 것만 같았

---

1 정부도 손쓸 수 없는 부패의 도시 13구역에서 벌어지는 범죄 행위를 다룬 영화.

다. 눈알을 얼마나 굴렸는지 뻑뻑해진 눈을 비비며 플랫폼을 빠져나오는데 계단을 하나씩 오를 때마다 발등 위로, 무릎 위로, 어깨 위로 차례차례 햇살이 걸렸다. 역을 완전히 빠져나오자 눈앞에 나타난 풍경은 여느 프랑스 영화에서 보던 낭만의 파리 그 자체였다. 시야에는 노트르담 대성당(Cathédrale Notre-Dame de Paris)이 보이고 발아래에는 센강이 흐르고 있었다. 팔딱팔딱 뛰며 사진을 찍으려다 생각을 고쳐먹고 지도가 알려주는 대로 천천히 걸었다.

생미셸역에서 도보로 3분. 시선은 노트르담에 둔 채로 조금 걸어가니 영화에서 보던 모습 그대로, 상상하던 모습 그대로 셰익스피어 앤 컴퍼니가 거기에 있었다. 가난한 예술가들에게 다락방을 내어 주었던, 제시와 셀린이 9년 만에 재회한 그 서점이었다. 준비해 온 사진을 주섬주섬 꺼내며 작게 중얼거렸다.

"내가 정말 파리에 왔구나."

변장한
천사일지도 모르니

"나 온 거 알고 왔어?"

"자주 오는 서점이야. 분위기가 편해. 벼룩은 많지만."

"난 어제 고양이와 잤어."

노란색 간판에 'SHAKESPEARE AND COMPANY'라는 글자가 큼지막하게 쓰여 있었다. 노랑과 초록의 조화라니. 과연 잿빛 겨울의 센강 저편에서도 찾아 들어올 단한 색이었다.[1] 초록색 문을 열고 들어가니 작은 공간이지만 성실하게 한 자리씩 차지하고 있는 책들이 제일 먼저 눈에 들어왔다. 로비(라고 하기엔 너무 작지만)는 온통 책으로 뒤덮여 있었고 내부로 들어가는 통로에서는 직원이 사다리를 타고 올라가 천장 가까이까지 쌓여 있는 책들을 정리하고 있었다. 사람들의 손이 닿지 않는 높은 곳에 올려둔 저 책에는 어떤 비밀이 숨겨져 있을까 상상하며 서점 깊숙이 걸어 들어갔다. 서점은 말 그대로 책이 숲을 이루고 있었다.

---

1 제레미 머서, 『시간이 멈춰선 파리의 고서점』, 시공사, 2008
제레미 머서는 '어느 비 내리는 일요일, 퍼부어대는 빗속에서도 희미하게 빛나는 노랑과 초록의 서점 간판을 보고 셰익스피어 앤 컴퍼니를 찾을 수 있었다'고 그의 책에 서술했다.

'Be not inhospitable to strangers. Lest they be angels in disguise(낯선 사람을 함부로 대하지 마라. 변장한 천사일지도 모르니).'

2층으로 향하는 계단에 서서 반대편 벽에 새겨진 문장을 나지막이 중얼거렸다. 배고픈 예술가들에게 다락방을 내어 주었다는 이 서점에 이토록 어울리는 문구가 또 있을까. 삐걱거리는 계단 소리를 들으며 2층에 오르니 누구라도 작가가 될 수 있을 것만 같은 공간이 나타났다.

한쪽 구석에는 간이침대가 놓여 있었고 벽면에는 이곳을 방문했던 사람들이 남겨 놓은 메모지가, 책장 사이사이 여백에는 헤밍웨이의 얼굴이 담긴 낡은 액자가 걸려 있었다. 큰 창이 난 방으로 들어가니 책장 앞마다 커다란 소파가 떡하니 자리 잡고 있었고, 소파 위에선 고양이들이 몸을 둥그렇게 말고 단잠에 빠져 있었다.

창가에 놓인 타자기를 탁탁 두드리는데 창밖으로 노트르담 대성당이 보였다. 노트르담을 누구의 방해도 없이 볼 수 있는 장소가 있다면 이곳이 아닐까 생각하며 감상에 빠져 있을 때, 어디선가 피아노 소리가 들려왔다. 몸을 늘려 기지개를 펴던 고양이가 책상 다리에 몸을 스치며 소리가 들려오는 곳으로 들어갔다. 한 청년이 작은 방에서 피아노를 치고 있었다. 수준급의 실력은 아니었지만 마음을 가라앉히는 소리였다. 피아노 선율은 책장에 빼곡히 들어찬 책 사이사이에, 빛바랜 커튼과 먼지 쌓인 창틀에, 이름 모를 책을 뽑아 드는 손끝에 시간의 틈을 만들었다. 그 순간은 제레미 머서의 책 제목처럼 시간이 멈춰 선 것만 같았다.

영화보다
더 영화 같은

"쓰는 데 얼마나 걸렸어?"
"한 3~4년쯤.."
"오래 걸렸네, 하룻밤 이야긴데. 날 잊은 줄 알았는데.."
"전부 다 선명히 기억해. 꼭 만나고 싶었어."

셀린과 제시가 셰익스피어 앤 컴퍼니를 빠져나와 카페로 걸어가던 길은, 영화상에서는 매우 가까워 보이지만 실제로는 상당한 거리였다. 〈비포 선셋〉의 촬영지는 이미 영화 팬들 사이에서 명소가 된 곳들이라 어렵지 않게 찾을 수 있었는데 이 거리만큼은 달랐다. 달랑 주소하나만 가지고 찾아가기에는 파리의 모든 곳이 낯설었고 방향 감각이 없어서 길을 잃기 일쑤였다. 그걸 아는지 모르는지 구글 맵 속 화살표는 일정한 리듬으로 한곳만을 가리키고 있었다.

'혹시 이곳이 셀린과 제시가 걷던 그 길이 아니더라도 실망하지 말자.' 나는 덜 실망하기 위해 스스로를 다독였지만 아무리 마음을 꾹꾹 눌러 담아도 지도 속 목적지에 가까워져 갈수록 물에 젖은 스펀지마냥 기대감으로 적셔져 가는 걸 막을 순 없었다. 그렇게 10분을 더 걸었을까. 지도에 표시된 마지막 통로를 빠져나와 왼쪽으로 고개를 돌렸다.

"와…."

햇살이 비추는 곳엔 센 강변을 따라 다리가 놓여 있었고, 다리를 건너는 사람들은 자전거를 타며 파리를 만끽하고 있었다. 완벽하게 아름다웠지만 그러나 내가 기대한 영화 속 풍경은 아니었다. 그럼 그렇지. 거리 주소만으로 찾을 수 있을 리가 없었다. 한숨을 푹 내쉬며 지도를 다시 확인하고는 천천히 오른쪽으로 고개를 돌렸다.[1]

누군가 내게 말했었다. 파리는 그저 꿈꾸던 것들이 현실이 될 수 있는 곳이라고. 그러니 적어도 파리에 있는 동안에는 그 마법을 꼭 믿어 보라고.

영화보다 더 영화 같은 날들이 이어지고 있었다.

---

1 제시와 셀린이 걷던 거리에서 보이는 건물은 생 폴 생 루이 교회(Church of Saint-Paul Saint-Louis)다. 거리 주소보다는 교회 뒤편으로 가는 길을 찾는 편이 더 빠르다는 것을 나중에 깨달았다.

파리는 마법이라니까

샌드위치로 가볍게 점심 식사를 해결한 뒤 셀린과 제시가 커피를 마신 르 퓨어 카페(Le Pure Café)로 향했다. 생 폴 생 루이 교회 뒤편에서 카페로 가기 위해서는 빅토르 위고의 집이 있는 보주 광장(Place des Vosges)을 지나 거리 자체가 파리 역사 기념물로 지정된 라프 거리(Rue de Lappe)까지 걸어야 했다. 도보로 넉넉히 30분은 걸리는 거리였다.

우리는 보주 광장을 거쳐 카페로 갔다가, 돌아올 때는 바스티유 광장을 둘러보는 경로를 선택했다. 파리에서 아름답다고 손꼽히는 보주 광장. 그곳에 줄지어 선 붉은 벽돌 저택 중 하나인 빅토르 위고의 집은 빅토르 위고가 19세기 초에 살던 곳으로 지금은 박물관으로 이용되고 있었다. 그의 작품은 영화나 애니메이션으로 접한 것 외에는 거의 무지하다시피 해서 박물관까지 찾아갈 생각은 없었지만, 입장료가 무료라는 말에 마음보다 몸이 먼저 반응했다.

프랑스의 대문호답게 집으로 올라가는 계단부터 고풍스러운 분위기가 느껴졌다. 창밖으로는 보주 광장이 훤히 내려다보였다. 그가 살아생전 수집했던 작품과 가구들이 전시되어 있는 응접실, 임종을 맞이했던 침대, 『레 미제라블』을 집필하던 작업실은 『노트르담 드 파리』의

인세만으로 이 집을 구입했을 정도로 당대에도 많은 사랑을 받았던 한 작가가 어떤 생활을 영위했을지 짐작하기에 충분했다.

호화로운 대저택에서 빠져나와 골목을 몇 번 지나치니 라프 거리가 나왔다. 라프 거리는 이 길을 걷는 것만으로도 파리에 와 있는 기분이 들게 하는 곳이었다. 사람마다 '파리답다' 느끼는 순간은 다르겠지만 나에게는 라프 거리의 분위기와 온도, 들려오는 소음, 나를 감싸고 있는 모든 것들이 파리다웠다. 영화 속 셀린과 제시처럼 일행과 대화를 나누며 걷다 보니 어느덧 빨간색 차양이 드리워진 르 퓨어 카페 앞에 다다랐다.

"미국엔 왜 이런 카페가 없을까?"

유럽의 건물들은 쉽게 리모델링을 하지 않기 때문에 10년 전 영화 속 그대로의 모습을 유지하고 있는 곳이 많은데, 이 카페도 다르지 않았다. 이것이 내가 이 영화 여행을 지속할 수 있는 이유이며 유럽의 매력이 아닐까. 셀린이 말한 것처럼 르 퓨어 카페는 조용한 분위기의 작은 동네 카페였다. 커피 맛은 별로였지만 손님이 많지 않아 조용히 시간을 보내기 좋은 곳이었다.

카페에서 돌아오는 길에 들른 바스티유 광장은 프랑스 대혁명의 시
발점인 바스티유감옥 습격사건이 일어났던 곳인데, 현재는 감옥 대신
넓은 광장만이 역사적인 사건이 일어난 곳임을 말해 주고 있었다. 길
이 7갈래로 나 있는 바스티유 광장의 회전교차로에서 다음 목적지를
찾기 위해 지도를 켰다. 신호등도 없는 이곳에, 심지어 한쪽은 공사 중
이라 시야가 꽉 막힌 도로 한복판에 있으려니 머리가 핑핑 돌았다. 옆
에서 "그러게 미리 좀 찾아보고 나오지!" 하며 쫑알대는 일행의 목소
리가 들려왔지만 못 들은 척 구글 맵에 지명을 입력했다.

'프롬나드 플랑테(Promenade Plantée), 걸어서 4분.'

거 봐. 파리는 마법이라니까.

사랑에도
어른스러울 수 있을까

자신의 가치관에 대해 서슴없이 말하고 넓은 시선으로 현상을 바라보는 사람. 대부분의 것에 관조적인 태도를 유지하면서도 중요한 순간엔 마음으로 감싸주는 사람. 우리는 이런 사람을 어른스럽다고 말한다. 그렇다면 이들은, 사랑에도 어른스러울 수 있을까.

셀린과 제시가 파리를 걸으며 나누는 대화를 듣다 보면 두 사람은 정말 어른이 된 듯하다. 셀린은 환경운동가로서 또렷한 목소리로 자신의 생각을 이야기하고 베스트셀러 작가가 된 제시도 남편으로서, 아버지로서, 작가로서의 생활을 잘 영위하고 있는 것처럼 보인다. 적어도 이곳, 프롬나드 플랑테[1]에 오기 전까지는.

"요 며칠 기분이 좀 그래. 당신 책을 읽어서 그런가? 그해 여름엔 희망이 넘쳤는데 그게 이젠 다⋯. 아픔이 없다면 추억이 아름다울 텐데."

첫 만남부터 시종일관 무덤덤한 태도를 유지하던 두 사람은 정작 사랑에 관해서는 실패한 사람의 얼굴이 된다.

---

1   폐고가철도 위에 지어진 4.7km의 산책로다. 철로를 따라 만들어진 공중정원이다 보니 폭이 넓지는 않지만 온통 초록의 색채가 가득해 비밀정원에 들어온 것 같은 기분이 드는 곳이다.

낭만적이었던 그날 이후 계속해서 사랑에 실패한 셀린은 꿈 많고 희망에 찬 스무 살을 떠올리며 초라하게 변해 버린 자신의 모습에 실망한다. 이제는 낭만도, 환상도, 꿈도, 아무것도 남아 있지 않은 그녀에게 제시와의 하룻밤은 뜨겁게 타오른 후 재만 남은, 꺼진 불씨일 뿐이다. 제시도 크게 다르지 않다. 매일 밤 플랫폼에 홀로 서서 오지 않는 셀린을 기다리다 울며 잠에서 깨어난다는 그는, 사랑을 포기하지 않아서 더 애처로워 보인다.

I know what you meant for me that day (그날의 사랑은 내 전부랍니다)

I just want another try (다시 한 번 돌아가고 싶어)

I just want another night (그날 밤의 연인이 되고 싶어)

Even if it doesn't seem quite right (어리석은 꿈일지라도)

You meant for me much more than anyone I've met before (내겐 너무 소중한 당신 그런 사랑 처음이었죠)

One single night with you, little Jesse (단 하룻밤의 사랑, 나의 제시)

- Julie Delpy, 'A Waltz For A Night'

하지만, 결국 사랑이다. 셀린의 집에서 그녀의 노래를 듣고 있는 제시에게서 우리는, 9년 전의 장난기 어린 미소로 셀린을 눈에 담던 앳된 소년의 얼굴을 발견하게 된다. 기타를 치며 자작곡을 불러 주는 셀린의 얼굴에도 풋풋하고 싱그러운 미소가 엿보인다. 〈비포 선셋〉이 낭만을 잃어버린 삼십 대의 현실만을 보여 주는 것이 아닌 여전히 로맨틱한 영화로 기억이 되는 이유는 바로 이 때문이다. 우리는 어쩌면 엉덩이를 살랑살랑 흔들며 니나 시몬(Nina Simone)을 따라하는 셀린을 향한 제시의 눈빛에서 〈비포 미드나잇〉을 예감했는지도 모른다.

"내가 우리 애길 책으로 쓴 건 그날의 모든 걸 잊기 싫어서였어. 그 만
남이 얼마나 소중했는지 오래 기억하고 싶었어."
"하지만 우린 당신 책 속의 캐릭터일 뿐이야. 주인공 할머니의 회상에
등장하는."
"대체 비엔나엔 왜 안 나온 거야. 왔다면 모든 게 변했을 텐데.."

나는 더 이상 영원이라는 말이나 로맨스의 환상을 믿지 않는다. 이제
는 쏟아부을 낭만이 남아 있지 않은 것일 수도, 더는 상처받는 것이 두
려워 줄다리기에서 손을 놓아 버리는 것일 수도 있다. 그럼에도 불구
하고, 약속한 그날 셀린이 비엔나역에 나왔더라면 지금과는 다른 모
습을 하고 있진 않았을까 하는 상상이 영화를 따라 걷는 내내 그림자
처럼 뒤를 좇았다. 만약 9년 전 그날 연락처라도 교환했다면, 두 사람
은 스무 살의 낭만을 유지할 수 있었을까. 지금보다는 사랑에 덜 담담
했을까.

파리를 떠나기 전날 밤, 나는 말없이 반짝거리는 에펠탑을 눈에 담고
있는 A에게 물었다.

"만약에 말이야. 셀린과 제시가 6개월 후에 다시 만났다면 어땠을까?"

"꼭 잡아야지."

기대한 대답은 아니었지만 제법 마음에 드는 말이었다. 전화로만 이어지던 불확실한 관계에서 흔들리는 나를 붙잡아 주기 위해 베를린까지 날아온 그에게 어울리는 대답이었다. "사랑을 놓친 후에 이루어질 수 없는 만약을 상상하며 아쉬워하느니 애초에 꼭 잡아야지, 나처럼." 이라고 말해 주는 것 같았다. 그리고 나도 만약이라는 말로 하루를 열고 닫지 않기 위해[1] 다시 한 번 눈앞의 사랑을 믿어 보기로 했다.

1   오은, 「만약이라는 약」, 『유에서 유』, 문학과지성사, 2016

"여기 머물면 여기가 현재가 돼요.

그럼 또 다른 시대를 동경하겠죠. 상상 속의 황금시대.

현재란 그런 거예요. 늘 불만스럽죠. 삶이 원래 그러니까."

4

미드나잇 인 파리

Midnight In Paris

Paris, France

홀로 파리를
걷는다는 것

홀로 파리를

영화 속 배경이 같은 도시라고 하더라도 서로 다른 영화의 장소를 번 갈아 가며 촬영하지 않는다는 게 나만의 작은 규칙이다. 한 곡을 채 다 듣기 전에 다른 곡으로 넘어가지 않는 것처럼. 영화의 리듬과 분위기 를 온전히 느끼기 위함이다. 이렇듯 영화 속으로 걸어 들어가는 일에 사소한 말 하나, 몸짓 하나에도 마음을 기울이는 나는 영화 여행을 할 때엔 유독 불편함을 택하게 된다.

〈비포 선셋〉의 촬영이 끝나고 숙소로 돌아와 〈미드나잇 인 파리〉를 재생시켰다. 영화가 시작됨과 동시에 스피커를 타고 흐르는 'Si Tu Vois Ma Mere'는 철자 그대로 나를 미드나잇, 인, 파리에 빠져들게 만들었다. 낯선 도시에서의 긴장감을 풀어 주는 색소폰 연주와 모니 터를 가득 채운 파리의 전경이 내가 오늘 종일 걸었던 도시라고 생각 하니 새삼스레 마음속에서 솜이 퐁퐁 솟아나는 것 같았다.

"정말 끝내준다! 이런 도시는 어디에도 없어. 비 올 땐 또 얼마나 아름 다운지 알아? 1920년대 파리를 상상해 봐. 비에 젖은 파리를. 예술가 들, 작가들⋯. 여기서 소설이나 쓰며 살 수 있다면 버버리힐즈 집 같은 건 없어도 그만이야."

영화는 미국에서 상업적으로 성공한 시나리오 작가 길과 약혼녀 이네즈가 파리로 여행을 오면서 시작된다. 값비싼 앤티크 가구나 보석, 럭셔리 호텔 외에는 관심이 없는 이네즈와 달리 길의 꿈은 과거 황금시대의 예술가처럼 파리에서 소설을 쓰며 사는 것. 홀로 파리의 밤거리를 배회하던 길은 종소리와 함께 홀연히 나타난 차에 올라타게 되고 그렇게 바라던 1920년대의 파리를 여행하게 된다.

평소 아침 산책을 즐기는 편은 아니지만, 다음 날 아침 일찍 숙소 밖으로 나왔다. 날아다니는 새소리와 수분을 머금은 공기가 뺨에 와닿는 기분을 느끼며 걷기로 했다. 드르렁 코를 골며 자는 일행을 깨울 수도 있었지만 부러 살금살금 침대를 빠져나온 이유는, 이날만큼은 혼자 걷기 위해서였다. 홀로 파리의 밤거리를 걷다 클래식 푸조에 올라탄 길처럼, 길을 잃어서라도 시간여행을 떠나고 싶은 마음에서랄까. 심장이 콩알만 한 나에게 자정의 파리는 꿈도 못 꾸는 일일 테니 말이다.

시간여행을
떠날 수 있는
유일한 방법

그토록 기다려 온 그림 앞에서 나는 겁쟁이가 된다. 누군가 나를 그림 쪽으로 밀어 버리진 않을까 주변을 살피고 혹여 내 손가락이 그림에 닿지는 않을까 뒷짐을 진다. 하지만 빛의 변화를 그대로 느낄 수 있도록 타원형으로 특별 제작했다는 오랑주리 미술관에서 나는 무방비 상태가 되었다. 전시관의 하얀 벽과 천장에서 쏟아지는 빛은 나를 오로지 〈수련연작〉에만 집중할 수 있도록 해 주었고, 전시실의 곡면을 따라 걸으면 나도 마치 호수 위를 유영하는 듯했다.

빛의 변화를 담은 모네의 그림을 감상하기 가장 좋은 방법은, 찬란하게 쏟아지는 햇살 앞에 선 사람처럼 눈을 가늘게 뜨고 바라보는 것일지도 모른다. 당시 모네의 작품들은 비평가들의 조롱을 피해 갈 수 없었지만 적어도 〈수련연작〉 앞에 서 있는 나에게만큼은 아니었다. 나는 그림 앞에서 가만한 한숨을 내쉬었다.

"모네가 그리고 살던 이곳이 파리 시내에서 30분이라니. 우리가 여기 산다고 상상해 봐."

처음부터 지베르니(Giverny)에 갈 생각이 있던 건 아니었다. 모네가 기차를 타고 가다 반해 정착을 했다는 이야기를 들었을 때에도 그저 의미부여를 위한 수사일 뿐이라 생각했다. 하지만 80이 넘는 나이에도 백내장에 걸린 눈으로 빛을 담던 모네를 만날 수 있는 유일한 방법은, 모네가 이 그림을 그렸던 바로 그 장소로 찾아가는 것뿐이었다. 결국 나는 베르사유를 포기하고 지베르니로 향했다.

모네를 만나러 가는 여행은 생라자르(Saint-Lazare)역에서부터 시작된다고 할 수 있다. 기차역을 자세히 관찰하기 위해 역 인근에 집을 얻어 살았을 정도로 기차역에 대한 모네의 의지는 대단했는데, 기차역을 그린 작품 중에서도 가장 완성도 높은 그림이라고 불리는 것이 바로 〈생-라자르 역〉이다. 그의 그림에서처럼 안개가 자욱한 플랫폼과 연기를 내뿜는 기차는 더 이상 볼 수 없었지만 막 출발하려는 기차를 멈춰 세울 의지로 역장을 찾아가던 모네의 마음으로 기차에 올라탔다.

황홀하게
비현실적인

파리에서 서쪽으로 70km 떨어진 지베르니에 가기 위해서는 생라자르역에서 기차를 탄 후 베농(Vernon)역에서 내려 다시 버스로 갈아타야 했다. 파리와는 완전히 다른 분위기의 베농역에서 올라탄 버스는 15분을 달려 곧 나를 1890년대 모네의 정원으로 데려갔다. 1883년부터 죽기 전까지 머물렀다는 모네의 정원은 그 입구에서부터 푸른 바람이 불어왔다.

꽃의 정원[1]은 모네가 직접 관리를 했다고는 믿기 힘들 정도로 넓었고 셀 수 없을 정도로 다양한 꽃이 피어 있었다. 숲속 오솔길을 걷듯 걷다 보면 먼 데서 불어오는 바람에 꽃향기가 실려 왔다. 정원엔 세상의 모든 색이라고 말해도 좋을 만큼 서로 다른 색상들이 빛나고 있었다. "색은 하루 종일 나를 집착하게 하고, 즐겁게 하고, 그리고 고통스럽게 한다."는 모네의 말을 조금은 이해할 수 있을 것 같았다.

모네의 집을 통과해 〈수련연작〉의 배경이 된 물의 정원에 도착했다. 연꽃을 보기에 좋은 계절은 아니었지만 모네의 그림처럼 연못은 어느 곳 하나 똑같은 색으로 물든 곳이 없었다. 연못을 바라보며 영화 스틸

---

1   모네의 정원은 꽃의 정원, 물의 정원, 그리고 모네가 살던 생가로 이루어져 있다.

컷을 준비해 오지 않길 잘했다는 생각을 했다. 이곳을 그저 영화에 잠깐 등장한 장소로 남기고 싶지 않았다. 사진을 찍기보다는 시간의 변화를 눈에 담기로 했다. 가만히 일본식 다리 위에 서서 하얀 수염을 늘어뜨린 채 붓을 든 모네의 모습을 떠올렸다.

고대 로마나 그리스, 올림피아 신전을 그릴 것을 강요하던 시대에서 과거에 파묻혀 사는 것이 아니라 있는 그대로의 현실을 그리고 싶어 하던 모네. 자신의 눈앞에 펼쳐져 있는, 살아 숨 쉬는 삶을 거짓 없이 화폭에 담아내던 그가 여생을 보낸 지베르니. 그리고 모네가 사랑했다는 일본식 다리 위에서 120년 전 그가 내려다보던 연못을 눈에 담는 나. 이 모든 것이 황홀하게 비현실적으로 다가왔다.

파리로 돌아오는 기차 안에서 영화의 첫 장면을 지베르니로 정한 감독의 의도를 생각했다. 과거로 돌아가고만 싶어 하는 길을, 충실히 현재의 모습을 담아내던 모네의 정원에서 등장시킨 이유는 뭘까. 어쩌면 감독은 우리에게 전하고자 하는 이야기의 힌트를 준 것일지도 모른다.

파리는
마음속의
축제다

파리의 밤거리를 헤매던 길은 생테티엔 뒤 몽 교회(Église Saint
Étienne du Mont) 앞에 나타난 클래식 푸조에 올라탄다. 자정을 알
리는 종소리와 함께 나타난 이 자동차는 길을 1920년대로 데려간다.
헤밍웨이가 '카페 드 플로르'에 자리를 잡고 앉아 생굴 한 접시에 백포
도주를 마시며 글을 쓰고, 셰익스피어 앤 컴퍼니의 낡은 다락방에서
머물며 예술을 논하던, 길이 그렇게나 바라던 1920년대의 파리로.

카페 드 플로르(Café de Flore)는 헤밍웨이를 비롯 당대의 많은 철
학자와 시인, 예술가들이 주로 찾았던 문학카페다. 생제르맹 거리
(Boulevard Saint-Germain)에는 유독 유명한 카페들이 많은데 카
페 드 플로르의 건너편 카페 레 되 마고(Café Les Deux Magots)
도 그중 하나다. 사실 헤밍웨이는 카페 드 플로르 외에도 레 되 마고,
카페 르 돔(Café Le Dôme), 라 클로즈리 데 릴라(La Closerie Des

Lilas) 등 파리의 다양한 카페를 즐겨 찾았는데, 제임스 조이스와 레 되 마고에서 와인을 마시거나 라 클로즈리 데 릴라의 테라스에서 스콧 피츠제럴드와 그의 소설 『위대한 개츠비』에 대한 대화를 나누기도 했다.

조금 더 시계바늘을 당겨 두 철학자, 장 폴 사르트르와 시몬 드 보부아르가 계약 결혼을 한 1930년대로 와서도 작가들의 카페 사랑은 여전했다. 두 철학자는 주로 카페의 2층 구석에 자리를 잡고 앉아 하루의 8시간을 꼬박 글만 썼다고 한다. 그렇게 레 되 마고에서 집필한 소설이 『구토』, 카페 드 플로르에서 탄생한 철학서가 『존재와 무』라고 하니, 두 카페가 문학과 철학을 사랑하는 여행자들의 성지가 된 것도 무리는 아니다.

맑은 날의 생 제르맹 거리는 활기로 가득했다. 햇볕 아래에서 커피를 마시며 신문을 읽거나 대화를 나누는 사람들에게 카페는 일상에서 빼놓을 수 없는 부분처럼 느껴졌다. 카페 드 플로르의 테라스는 이미 만석이었다. 세기를 놀라게 한 계약 부부가 몇 시간이고 앉아 글을 썼다는 2층에 올라가 보았지만 이제는 그저 과거에 불과하다는 듯 유명 인사들의 사진만이 그 공간을 대신하고 있었다. 간신히 테라스에 자리를 잡고 앉아 Café Crème(카페 라테)을 주문했다. 생각보다 비싼 가격에 애써 침착해 하며, 젊고 가난했던 시절의 헤밍웨이를 떠올렸다.

카르디날 르무안 거리(Rue du Cardinal Lemoine)의 작은 아파트에서 지내던 헤밍웨이는 찬비가 내려 음울하고 서글픈 겨울, 방을 데워 줄 장작을 사는 대신에 생 제르맹 거리의 카페로 향하거나 플뢰뤼스 거리 27번지(Rue de Fleurus 27)에 있는 거트루드 스타인 여사의 아파트에 들르곤 했다. 헤밍웨이의 집에서 스타인 여사의 아파트로 가기 위해서는 생테티엔 뒤 몽 교회를 지나쳐야 했는데 영화 속에서 길이 클래식 푸조에 올라탄 장소도 이곳이다.

파리에 머물던 2주의 시간 동안 나는 자주 이곳을 찾았다. 교회 앞 돌계단에 앉아 영화의 OST를 듣기도 하고, 헤밍웨이처럼 뤽상부르 공원 벤치에 앉아 간단히 점심을 해결하기도 했다. 카페 드 플로르 같은 고급스러운 곳에서 커피라도 마신 날에는 1유로짜리 바게트만으로 하루를 버텨야 했다. 허기가 져 일부러 음식 냄새가 나지 않는 길로만 걸어 다녔다는 헤밍웨이에게, 배고픔은 정말 교훈이었을까.[1] 조금씩 몰려드는 비둘기를 향해 바게트 한 조각을 던지고 자리를 옮겼다.

1 어거스트 헤밍웨이, 『파리는 날마다 축제』, 이숲, 2012

세 단어로 완성된
소설

"내 책을 좋아하나 보군."

"좋아해요? 사랑하죠! 선생님 작품 다요!"

"그래요. 좋은 책이죠. 정직한 책이니까…. 영 아닌 소재는 없소. 내용만 진실된다면. 또 문장이 간결하고 꾸밈없다면. 그리고 역경 속에서도 용기와 품위를 잃지 않는다면."

파리에서 유일하게 단 한 번, 레스토랑에서 식사를 했다. 헤밍웨이의 단골집이었다는 폴리도르 레스토랑(Polidor Restaurant)이었다. 1845년부터 운영되어 온, 파리에서 가장 오래된 식당 중 한 곳으로 저렴한 가격에 프랑스 가정식 식사를 맛볼 수 있다는 말에 망설임 없이 찾아갔다. 그리 넓지 않은 식당 내부의 붉은 나무 기둥과 까만 가죽의자는 영화 속 그대로였다. 근사한 레스토랑이라기보다는 170년의 시간이 고스란히 담겨 있다는 표현이 어울리는 곳이었다. 적당한 소음이 기분 좋게 들려오고 익숙한 리듬이 배어 있는 웨이터의 몸짓이 머무는 사람의 마음까지 살랑이게 만들었다.

식전 빵과 수프, 메인 메뉴를 코스로 저렴하게 즐길 수 있다는 글을 보고 찾아간 거였지만 세트 메뉴는 좀 부담스러워 뵈프 부르귀뇽(Bœuf Bourguignon)이라는 프랑스식 소고기 찜 요리와 레드와인 한 잔을 주문했다. 빨간 격자무늬 테이블보 위에 접시가 하나둘 놓였다. 스튜에 사각형으로 잘린 소고기 몇 덩이와 감자샐러드가 함께 담겨 나왔다. 잊지 못할 맛은 아니었지만 다시 찾고 싶은 마음이 드는 맛이었다. 커다란 창에 걸려 있는 우디 앨런의 사진만이 이곳이 영화에 나온 장소라는 걸 말해 주고 있었다.

폴리도르 레스토랑에서 배를 채운 헤밍웨이가 넉넉해진 마음으로 향하던 곳이 있다. 파리의 예술가와 작가, 낯선 사람들에게 안식처 역할을 해 주던, 오데옹가(Rue de l'Odéon)에 위치한 영문학 전문 서점 '셰익스피어 앤 컴퍼니'가 그곳이다. 이상할 정도로 구석진 곳에 위치한 이 서점은 스콧 피츠제럴드, 에즈라 파운드, 제임스 조이스, 어니스트 헤밍웨이 같은 사람들이 모여 책을 빌리고 문학에 대해 토론을 하며 홍차를 마시던 문학 살롱 같은 곳이었다.

미국인 실비아 비치가 파리에 정착해 1922년 문을 연 셰익스피어 앤 컴퍼니는 1941년 나치가 파리를 점령했을 때 문을 닫았다. 전쟁이 끝난 후 헤밍웨이가 미군과 함께 파리로 돌아와 직접 서점의 규제를 풀었지만 실비아 비치는 두 번 다시 서점의 문을 열지 않았다. 그로부터 10년 뒤 오데옹가에서 그리 멀지 않은, 센강 왼편에 비슷한 서점이 문을 연다. 이 서점의 이름은 '르 미스트랄'. 실비아 비치를 동경하던 조지 휘트먼이라는 미국인이 운영하는 곳이었다. 1962년 실비아 비치가 세상을 떠난 뒤 조지 휘트먼은 그녀의 장서를 사들였고 2년 뒤인 1964년 윌리엄 셰익스피어 탄생 400주년을 맞아 자신의 서점 이름을 '셰익스피어 앤 컴퍼니'로 개명했다. 그곳이 지금 우리가 알고 있는 셰익스피어 앤 컴퍼니다.[1]

지금의 셰익스피어 앤 컴퍼니가 1920년대의 그곳이 아니라고 해서 실망할 필요는 없다. 여전히 이곳은 오갈 데 없는 작가들에게 침대를 내어 주고, 글을 완성할 수 있도록 도와주고 있다. 입주 조건은 자신의 인생을 짧게 요약한 자서전. 방세는 하루에 한 시간씩 서점 일 돕기, 하루에 한 권씩 책 읽기, 자정 전에 돌아와 문단속하기가 전부인 이곳의 운영 방침은 50년이 지난 지금까지도 지속되고 있다. 조지는 '셰익스피어 앤 컴퍼니'를 '세 단어로 완성된 소설'이라 부르곤 했는데 1960년대부터 수만 명의 자서전이 보관되어 있는 이곳은 그의 말처럼 방대한 소설집이 된 듯하다.

1 제레미 머서, 『시간이 멈춰선 파리의 고서점』, 시공사, 2008

1층과 2층, 서점을 가득 메운 책들을 손으로 매만졌다. 자서전을 쓰기는커녕 책 한 권 읽기에도 턱없이 부족한 영어 실력을 탓하며 아쉬운 손길을 거두고 엽서가 꽂힌 매대로 눈길을 돌렸다. 엽서에는 2011년 세상을 떠난 조지 휘트먼과 현재 서점을 운영하고 있는 그의 딸 실비아 휘트먼의 어릴 적 모습이 담겨 있었다. 르 미스트랄 시절의 흑백사진 한 장과 벚꽃이 만개한 봄날의 서점 사진 한 장, 그리고 셰익스피어의 얼굴이 새겨진 에코백을 골라 계산대 앞에 섰다.

"That's all."

구차해진 마음에 물어보지도 않은 대답이 나와 버렸다. 작가라면 누구나 꿈꾸는 서점까지 찾아와 고작 엽서 한 장이라니. 나는 보잘것없는 마음을 들킬까 주먹을 꽉 쥐었다.

시간이
뿌옇게
내려앉은 곳

'상점 이름은 '과거로부터(Out of the Past)'. 그곳은 추억을 팔고 있었다. 한 시대엔 시시하고 천박하기까지 했던 것이 단지 세월이 흐르면서 신비롭고 흥미로운 존재로 바뀌기도 했다.'

길이 쓴 소설의 첫 문장은 마치 생투앙 벼룩시장(Marché aux puces St-Ouen)을 두고 하는 말 같았다. 생투앙 벼룩시장은 생투앙 지역에 있는 다양한 마켓을 모아 부르는 말인데, 길이 가브리엘을 처음 만나는 베르네송 마켓(Marché Vernaison)은 럭셔리한 소품과 가구를 전문적으로 판매하는, '파리 감성'이 곳곳에서 흘러넘치는 앤티크 마켓이다.

아무리 물욕이 없는 사람이라도 벼룩시장에서는 평소라면 관심도 없을 물건을 만지작거리다 결국에는 지갑을 열게 되는 경험을 한 번쯤은 하게 된다. 베르네송 마켓의 한 앤티크 소품점 앞에 선 나는 한참을 망설이는 중이었다. 배낭 하나뿐인 여행자에게 값비싼 앤티크 소품은 공항에서 덜어 내야만 하는 골칫덩어리일 뿐이었지만 그걸 알면서도 '어떤' 생각이 몸 깊숙한 곳에서부터 올라왔다. '어딘가에 쓸모가 있을 것 같다' '이 정도면 저렴한 것 같다'는 생각. 이성적으로 통제하기 힘든 욕구에 하마터면 지갑을 꺼낼 뻔했지만, 작은 소품 하나에 60유로라는 점원의 말에 정신을 차리고 제자리에 내려 둘 수 있었다.

골동품을 산다는 건 물건의 용도가 아닌 시간을 사는 것과 같다. 시간에 돈을 매길 수 없다고 하지만 이곳에서는 부르는 게 값이었다. 오래될수록 가치 있는 것들. 시간에 대가를 치르는 것이 벼룩시장에서 일어나는 일이었다.

시간들이 제멋대로 쌓여 있는 오래된 상점에서 누군가의 손을 거쳐 이곳으로 옮겨졌을 것들의 시간을 들여다본다. 그리고는 지나온 나의 시간, 그 사이에는 어떤 것들이 자리하고 있을지 생각한다. 지나온 날들은 지금보다 더 가치 있는가. 현재는 과거의 미련일 뿐인가.
뿌옇게 내려앉은 먼지 위에 손가락 자국을 낸다.

특별할 것 없는
모든 순간들이

'막 알게 된 미국작가와 사랑에 빠졌다. 이름은 길 펜더. 말로만 듣던 순간의 마법이 내게 일어났다. 피카소와 헤밍웨이도 날 사랑하고 있다. 뭔가 설명할 순 없지만 내 마음은 길에게 끌린다.'

노트르담 대성당을 앞에 두고 센강을 따라 걷다 보면 현실과 비현실을 구분하기가 힘들어진다. 어쩌면 길이 부키니스트에서 아드리아나의 일기장을 발견한 것은 단지 그의 환상이었을지도 모를 일이다.

부키니스트. '(특히 파리 센강의) 고본 장수.'

센강을 따라 걷다 보면 만나게 되는 부키니스트는 사전적 의미처럼 파리의 낭만적인 분위기를 완성하는 고유 명사 그 자체였다.

초록의 나무들과 색을 맞춘 듯 녹색의 진열대가 강변을 따라 늘어서 있고 그 위에는 명화와 명화의 복사본, 파리를 그린 어느 예술가의 그림들, 낡은 사진과 불어가 가득한 엽서들, 가죽의 멋스러운 고서들이 정돈되지 않은 듯 조화롭게 진열되어 있었다.

글을 완성했거나 아이디어를 얻고자 할 때 센 강변을 거닐었다는 헤밍웨이처럼 나도 천천히 센강을 따라 걸었다. 아주 사소한 것까지 놓치지 않으려는 사람처럼, 무심히 지나치는 사람들은 알 수 없는 시간을 보내고 있었다. 그러다 한 부키니스트 앞에 멈춰 서 아무렇게나 쌓여 있는 책을 뒤적이다가 우디 앨런의 일러스트가 담긴 대담집을 찾아냈다. 파리 어딘가에서 우연히 그를 만날지도 모른다는 생각은 하고 있었지만 이런 식으로 나타날 줄은 몰랐다.

여행 내내 되도록이면 지나친 감상은 피하려고 노력했는데 여기서 무너졌다. 파리를 구성하는 모든 것들이 마치 나를 위한 미장센처럼 느껴졌다. 여행 동안 많은 일이 있었고 촬영이 뜻대로 되지 않는 경우도 많았지만 이렇게 깜찍한 짓을 해 주니 파리에 빠지지 않을 도리가 없었다.

책을 품에 안고 다음 촬영을 위해 노트르담 대성당으로 향했다. 센 강변을 거닐 때마다 언제고 뒤돌아보아도 노트르담이 그곳에 있다는 사실이 퍽 위로가 되었다. 우산도 없이 쫄딱 비를 맞았을 때나 집시가 등 뒤에 침을 뱉을 때, 노점상 주인이 카메라 렌즈에 씹던 껌을 붙이며 욕을 할 때. 그러니까, 이곳이 어디인지 잊어버리게 되는 순간마다 노트르담을 보며 제자리를 찾곤 했다.

성당 앞은 늘 사람들로 붐볐다. 사진을 찍거나 내부로 들어가기 위해 줄지어 서 있는 사람들을 지나쳐 성당의 왼편으로 향했다. 노트르담 대성당은 보이는 방향에 따라 전후좌우의 외관이 확연히 다르게 보이는 것으로 유명한데, 입구 쪽을 제외하고는 사람들이 거의 없어 사뭇 분위기가 달랐다. 거기다 무서운 얼굴로 벽면을 쭉 둘러싼 가고일(박쥐의 날개와 긴 목을 가진 용, 괴수) 때문에 그로테스크한 느낌마저 들었다. 서로 다른 표정의 가고일이 지키는 성당과 그 괴수를 뚫어져라 쳐다보고 있는 어느 여인의 모습은 어쩐지 으스스하게 느껴졌다.

길이 부키니스트에서 발견한 아드리아나의 일기장을 읽는 장소는 노트르담 대성당 뒤편의 요한 23세 광장(Square Jean XXIII)이었다.

한적한 광장 벤치에 앉아 시간을 보내다가 문득 내일이면 이 여행도 끝이 난다는 사실을 기억해 냈다. 카메라를 열어 차례차례 지나온 시간을 넘겨 보았다. 이렇다 할 특별한 일은 없었지만 이 특별할 것 없는 모든 순간들이 반짝반짝 빛나고 있었다. 어렸을 때는 외국에 갈 때 꼭 비행기를 타야 한다기에 미국이나 유럽이 하늘에 있는 줄로만 알았다. 그저 웃어 넘기기엔 이번 여행 내내 구름 위에 둥둥 떠 있는 기분이었다. 어쩌면 나는 정말로 하늘 위를 걷고 있었는지도 모르겠다.

피부에 닿는 찬 기운에 주위를 둘러보니 어느새 센강 위에도 붉은빛이 드리워지고 있었다. 아쉬워하기에는 이른 시간이었다. 나에겐 파리의 마지막 밤이 남아 있었다.

밤이 주는 위로

밤이 주는 위로

"파리는 낮과 밤 중에 언제가 더 예쁜지 못 고르겠어요."
"가끔 생각해 봐요. 아무리 훌륭한 책이나 그림이나 음악이 나와도 위대한 도시에 비할 수 있을까. 모든 거리가 각각 하나의 예술품이에요."

고백하자면 나는 야경에 별 감흥을 느끼지 못하는 쪽에 가까웠다. 다리 위를 수놓은 전조등이나 도시를 밝히는 수많은 불빛은 나에게 그저 전기 이상도 이하도 아니었다. 나는 그런 종류의 사람이었다. 혼자만의 감성은 가지고 있지만 의외로 많은 것에 담담한. 어쩌면 감정적이 되는 것을 의도적으로 피하는 것일지도 몰랐다. 하지만 파리에서는 달랐다. 파리의 밤은 내가 미처 보지 못한 또 다른 모습을 간직하고 있었다. 반짝이는 에펠탑 아래에서 사람들이 넋을 잃고 야경을 바라보는 이유를 알 것 같았다. 평범한 하루의 끝에서 아무 이유 없이 외로워질 때, 누군가 도시의 불을 밝히고 있다면 혼자가 아니라는 생각이 들 테니까. 야경은 그저 그런 하루를 위한 밤이 주는 위로가 아닐까.

영화의 엔딩 장면을 촬영하기 위해 알렉상드르 3세 다리(Pont Alexandre Ⅲ)로 걸었다. 에펠탑을 한눈에 담을 수 있다는 샤요궁(Palais de

Chaillot)에서 강변을 따라 30분 정도 걸으면 파리에서 가장 아름다운 다리라는 알렉상드르 3세 다리에 다다를 수 있다. 다리 입구에 세워진 기둥과 기둥 위의 황금빛 조각상이 화려함의 극치를 뽐내고 있었고 다리 너머 그랑 팔레(Grand Palais)와 프티 팔레(Petit Palais)가 마주 보고 있었다.

"사실 파리는 비 올 때 가장 아름다운 도시죠."

길은 1890년대 벨에포크로 돌아가서야 깨닫는다. 과거에 대한 동경은 흐르는 시간을 붙잡으려는 것처럼 무의미하다는 것, 노스탤지어는 향수로 남을 때에만 의미가 있으며, 과거에 머물면 그곳이 또 다른 현재가 되어 버린다는 것을.

'상상 속의 황금시대를 좇을 것이 아니라 현재를 살아가라.' 파리를 사랑했던 수많은 예술가들의 입을 빌려 영화는 이렇게 말하고 있었다.

파리를 떠나는 날이었다. 마지막 날이 되어서야 비가 내린 파리의 거리는 반짝반짝 빛나고 있었다. 한국에서 맡던 비에 젖은 아스팔트와는 다른 냄새가 났다. 나는 내가 비를 싫어한다고 생각했는데 잊지 못할 순간들엔 자주 비가 내렸다.

"아직도 파리에 다녀오지 않은 분이 있다면 이렇게 조언하고 싶군요. 만약 당신에게 충분한 행운이 따라 주어서 젊은 시절 한때를 파리에서 보낼 수 있다면, 파리는 마치 '움직이는 축제'처럼 남은 일생에 당신이 어딜 가든 늘 당신 곁에 머무를 거라고. 바로 내게 그랬던 것처럼."
– 1950년 헤밍웨이의 인터뷰

헤밍웨이는 1957년 가을부터 1961년 자살로 생을 마감하기 전까지, 자신이 젊은 시절 7년간 머물렀던 파리에서의 생활을 회고하는 글을 썼다. 『노인과 바다』로 퓰리처상과 노벨 문학상을 받은 작가가 생의 마지막에 떠올린 것은, 지독히도 가난했지만 그마저도 낭만으로 추억할 수 있는 파리에서의 아름다운 날들이었다.

파리에 다녀온 지 1년이라는 시간이 지났지만 난 여전히 그대로다. 현재가 황금시대라는 영화의 깨달음은 잊은 지 오래다. 현재는 현재일 뿐이다. 나는 그저 미래를 두드리면서 과거를 만지며 살아가고 있다. 헤밍웨이의 말처럼 가끔 이렇게 파리를 뒤적이면서.

"샤갈 좋아해요?"

"좋아해요. 이건 마치 사랑이 검푸른 하늘에 떠 있는 것 같아요."

"바이올린 켜는 염소도."

"바이올린 켜는 염소가 없으면 그건 행복이 아니죠."

5

노팅 힐 & 어바웃 타임

Notting Hill & About Time

London, England

이 순간을
붙잡기 위해

커튼을 치고 전등을 켜면 딱 도미토리 1인용 침대만 한 나만의 공간이 생긴다. 젖은 머리칼로 침대에 엎드려 사각사각 써 내려간 일기장을 머리맡에 내려 둔다. 이불을 목 끝까지 끌어올려 낮은 천장 아래 눈을 깜박이다 보면 어느새 입가에 웃음이 새어 나온다. 평소라면 불편할 이 좁은 공간도 한없이 포근하게 느껴지고 이내 스르르 눈이 감긴다. 모든 일정을 계획대로 소화하고 돌아온 날의 모습이다.

〈노팅 힐〉 촬영은 안나가 머물던 리츠호텔을 제외하고는 대부분 노팅 힐 내에서만 진행되어 일정에 큰 변동 없이 모든 촬영을 끝마칠 수 있었다. 누군가는 불확실성이야말로 여행의 진짜 매력이라고 말하지만, 내 마음대로 되는 게 하나 없는 낯선 나라에서 계획한 대로 이루어진 날의 그 안정적인 설렘은 여행의 또 다른 매력이다.

노팅힐 근처에 숙소를 정한 건 탁월한 선택이었다. 관광객이 거의 없는, 민낯을 드러낸 노팅힐을 걸을 수 있었던 건 순전히 숙소가 가까워서였다. 촬영이 없는 날에도 숙소에서 일찍 나와 익숙한 동네를 산책하듯 포토벨로 로드(Portobello Road)를 걸었다.

지겨운 일상을 떠나온 여행이면서 이 순간이 영원하길 바랐다. 이른 아침, 하루를 여는 사람들의 모습을 눈에 담으며 이곳에서의 일상을 꿈꾸기도 했다. 아침 일찍 강아지와 산책을 하고 공원에 앉아 여유를 부리다 돌아오는 길에 할리우드 배우와 부딪혀 사랑에 빠지고 마는, 그런 상상을.[1]

런던에 머무는 내내 매일 걷는 길이었지만 하루하루 새로운 길을 걷는 것처럼 설렜다. 특별한 목적이 있어서 걷는 것이 아니라 발길 닿는 대로 골목골목을 드나들며 마음에 지도를 새기곤 했다. 돌담 위로 힘겹게 피어난 꽃을 굽어보며 나에겐 한 계절뿐인 이 길 위의 사계절을 짐작해 보기도 하고 걸어온 길을 다시 되짚어 보며 이 순간을 붙잡으려 애썼다.

---

1 <노팅 힐>은 런던의 서쪽, 노팅힐이라는 지역에서 여행 전문 서점을 운영하는 평범한 영국 남자 윌리엄이 우연히 세계적인 할리우드 배우 안나를 만나면서 사랑에 빠지는 로맨틱 코미디 영화다.

잃어버린 물건들이 사는 세상

'이곳 노팅힐은 주중엔 온갖 과일과 야채를 파는 마켓이 열리고 주말이 되면 수백 개의 노점상들이 노팅힐 입구까지 들어차 포토벨로 로드를 가득 메운다. 그곳에선 수많은 사람들이 골동품을 사고판다. 어떤 건 진짜고 어떤 건 가짜다.'

노팅힐은 영화만큼이나 젠틀하고 위트 넘치는 곳이었다. 파스텔 톤의 건물 외벽은 차분한 성격의 윌리엄 대커를 연상시켰고 거리를 메운 수백 개의 노점들은 어디로 튈지 모르는, 대체 불가능한 매력을 가진 윌리엄의 친구들을 떠올리게 했다.

포토벨로 로드의 처음부터 끝까지라고 해도 좋을 만큼 길게 늘어선 포토벨로 마켓은 평일, 주말 할 것 없이 노점상과 관광객들로 북적였다. 포토벨로 초입에 들어서고 하나둘 노점상이 보이기 시작하면서 다양한 골동품을 판매하는 앤티크거리가 시작되었다. 테이블에는 태엽이 멈춘 시계나 나침반, 귀족이 사용했을 것만 같은 실버 티스푼과 버터나이프, 앙증맞은 티세트가 일렬로 이어졌고 클래식 카메라와 다양한 인테리어 소품들이 진열되어 있었다. 천천히 시간에 빛바랜 물건들을 구경하다 보니 어느새 싱싱한 과일과 채소, 다양한 디저트를 판매하는 과일거리가 나타났다. 생과일주스와 도넛, 숙소에서 먹을

복숭아 몇 알 정도로 타협을 보고 버스킹을 하는 밴드 앞에 멈춰 섰다. 한 손에는 주스, 다른 손엔 도넛을 들고는 밴드의 공연에 맞춰 무릎을 굽혔다 펴며 리듬을 탔다. 그에 맞춰 손목에 걸린 흰 복숭아 봉투가 달 랑달랑거렸다.

밴드의 공연이 끝나고 조금 더 걷기로 했다. 빨간 모자 할머니의 야채 가게를 끝으로 규칙 없이 다양한 잡화들을 판매하는 잡화거리가 시 작되었다. 한여름에 행거 가득한 겨울코트들, 깨진 그릇과 그림, 지도, 책, 장난감 등 잃어버린 물건들이 사는 세상에서나 볼 법한 물건들이 쌓여 있었다. 잡화거리는 포토벨로 로드를 지나 골본 로드(Golborne Road)까지 이어져 있었다. 직선 주로로 20분이면 걷는 거리였지만 천천히 마켓을 둘러보다 보니 어느새 두 시간이 훌쩍 지나 있었다.

나는 일렬로 주욱 늘어선 마켓 가운데에서 한 독립잡지에 실린 인터 뷰를 떠올렸다. 너무 오래전에 읽어서 이름도 잘 기억이 나지 않는 한 잡지 소장가에 관한 기사였다. 그는 잡지를 모으기 시작한 이유에 대 해 "비 오는 날 헌책방 처마 밑에서 비를 맞고 있는 잡지들이 문득 내 신세처럼 느껴져 한 권 두 권 사 모으기 시작했다."고 대답했다. 잡지 를 가리켜 '모든 게 섞여 있지만 대접받지 못하는 책'이라며, 주목받지 못하는 것들에 우리는 더욱 관심을 기울여야 한다고 말했다. 달랑 천막 하나뿐인 노점상 아래의 낡은 물건들을 보면서 나는 아무도 찾지 않아 찬밥신세가 된 잡지 생각을 했다.

머리 위로 하나둘 빗방울이 떨어졌다. 마른 아스팔트에도 빗방울이 흔적을 남기고 있었다. 나는 비에 젖지 않도록 처마 밑으로 숨어 들어갔다. 노점상들은 아랑곳하지 않고 자리를 지키고 있었다.

책 속에 파묻혀
몇 시간이고 가만히

'그 평범한 수요일이 내 인생을 그렇게 바꿔 놓을 줄 그날 출근길엔 상상도 못했다.

난 여행 전문 서점을 운영한다. 솔직히 항상 많이 팔리는 건 아니다.'

고등학생 때 이후로 직업을 꿈으로 가져 본 적이 없다. 성인이 된 뒤로는 '카페에서 일하면서 글 쓰기, 죽을 때까지 영화 촬영지 찾아다니기, 정체불명의 작업실에서 마음껏 책 읽기'와 같은 문장으로 된 꿈들만 있을 뿐이었다. 이루어도 그만 안 이루어져도 그만인 시시한 꿈들이었지만 생각만으로도 미소 지어지는 나만의 주문 같은 것들이었다. '작은 서점 운영하기'도 그중 하나였다.

포토벨로 로드에 위치한 윌리엄 대커의 서점으로 걸어가는 내내 천 번은 더 상상했을 나의 서점을 떠올려 보았다. 문을 열고 들어가면 온전히 내 취향의 책들이 벽면을 채우고 있다. 소설, 시집, 여행에세이, 과학서적 등 장르는 불문. 주인인 내가 머무는 공간에는 바닥과 책상 위에 지금 읽고 있는 책들이 무심하게 쌓여 있고 김이 모락모락 나는 오렌지차가 티팟 가득 담겨 있다. 언뜻 평범해 보이는 동네 책방이지만 이곳의 하이라이트는 여기서부터다. 계산대 옆 낮은 문턱을 지나 안쪽으로 들어가면 세상 모든 책을 가지고 있다는 바벨의 도서관 같은 비밀스러운 공간이 나타난다. 손님이 모두 돌아간 늦은 밤, 그 우주 속에 푹 파묻혀 몇 시간이고 가만히 책을 읽는다. 벽에 난 큰 창에서는 빗소리가 아득하게 들려온다.

〈노팅 힐〉의 각본을 쓴 리처드 커티스도 이런 서점을 꿈꾸었는지 모른다. 영화 속 윌리엄 대커의 'The Travel Book Shop'은 데미 무어와 줄리아 로버츠를 구별하지 못하는 약간 모자란 직원과 곰돌이 푸를 찾는 손님뿐인 적자 여행 서점이지만 책장과 벽에 붙은 엽서들, 선반 위의 지구본이 한 번쯤은 꼭 방문해 보고 싶게 만드는 동네 책방 그 자체다.

포토벨로 로드 초입의 정돈된 거리를 따라 5분 정도 걷다 보면 나타나는 'The Travel Book Shop'. 하지만 현재 그 자리엔 윌리엄 대커의 서점은 사라지고 흔하디흔한 기념품 가게가 들어서 있었다.

내부를 슥 훑어보고 서둘러 발걸음을 옮겼다. 영화 속 서점의 모델이 된 실제 서점을 찾아가기 위해서였다. 노팅힐에 거주하던 작가 리처드 커티스가 자주 이용해 영감을 얻었다는 'The Notting Hill Bookshop'은 포토벨로 로드에서 그리 멀지 않은 곳에 위치해 있었다.

파란 간판의 서점 앞에서 나는 아무에게도 들리지 않게 심호흡을 했다. 속이 훤히 들여다보이는 나무문을 밀고 들어간 그곳은 생각한 그대로의 아담한 동네 서점이었다. 영화와 닮은 듯 달랐지만 아늑한 분위기와 나무 책장의 따뜻한 느낌은 영화에서 보던 그대로였다. 작은 통로 안쪽 공간에는 아이들을 위한 모빌과 장난감이 진열되어 있었고, 천장의 통유리에서 들어오는 자연광이 내부를 환하게 비추고 있었다.

"나는 노팅힐에 살고 당신은 버버리힐즈에 살잖아요. 온 세상 사람들이 당신을 알지만 내 이름은 우리 어머니조차도 잊어버리곤 해요."
"인기는 뜬구름과 같은 거예요. 잊지 말아요. 나도 남자 앞에 서서 사랑을 바라는 그저 평범한 여자일 뿐이라는 거. 잘 있어요."

〈노팅 힐〉의 흔적들이 곳곳에 묻어나는 서점의 내부를 둘러보며 사람들이 모두 빠져나갈 때까지 기다린 후에야 카메라를 들었다. 직원에게 사진을 찍어도 되는지 물어보자 명쾌한 대답이 돌아왔다.

"Sure."

바이올린 켜는
염소가 없다면

"이런 말 해도 될지 모르지만, 이번이 마지막일 것 같아서요. 정말 아름다우세요."

윌리엄이 모퉁이를 돌다 안나의 몸에 오렌지주스를 쏟아 버린 이곳은 영화에서처럼 윌리엄의 파란 대문집이 보이는 가까운 곳이었다. 윌리엄이 오렌지주스를 사던 작은 가게는 사라졌지만 안나와 부딪히던 곳에는 커피 전문점 Coffee Republic[1]이 자리하고 있었다. 오렌지주스를, 혹은 커피를 쏟아 가며 사랑에 빠지기 좋은 위치라는 생각이 들었다. 카페에 들어가 오렌지주스를 사려다 아메리카노 한 잔을 주문하고는 밖으로 나왔다.

"샤갈 좋아해요?"
"좋아해요. 이건 마치 사랑이 검푸른 하늘에 떠 있는 것 같아요."
"바이올린 켜는 염소도."
"바이올린 켜는 염소가 없으면 그건 행복이 아니죠."

---

1 2015년 'Coffee Republic'이었던 커피 전문점은 2017년 재방문 당시 'Coffee Bello'라는 이름으로 바뀌어 있었다.

가난한 유대인 노동자의 아들로 태어난 샤갈은 모스크바 출신의 부유한 집안에서 태어난 벨라 로젠펠드와 첫눈에 반해 결혼식을 올린다. 러시아에서 우수 학생들만 입학할 수 있다는 모스크바 게리에르 여자 대학교의 수재였던 벨라가 자신의 환경을 버리고 가난한 화가 마르크 샤갈을 선택한 것은 당시로서는 신분을 뛰어넘은 사랑이었다. 샤갈은 자신의 부인이면서 뮤즈이기도 한 벨라와의 사랑을 환상적인 색채와 동화적이고 몽환적인 분위기로 표현했는데 많은 작품에서 두 사람은 꿈꾸듯 하늘을 날고 있고 천사와 바이올린을 켜는 염소가 그들을 축복하고 있다.

윌리엄 대커의 집 벽에 걸려 있던 〈신부〉 혹은 〈결혼〉이라 불리는 이 그림은 벨라가 죽고 6년 뒤인 1950년에 그려진 그림이다. 벨라는 여전히 하늘을 날고 있지만 이전의 작품들에 비해 짙푸른 배경은 아내가 죽고 난 후 샤갈의 깊은 슬픔을 표현한 것처럼 보인다.

안나가 윌리엄에게 사랑을 고백할 때 선물하는 샤갈의 〈신부〉는 '할리우드 스타와 일반인'이라는 현대판 신분을 뛰어넘어 진솔한 사랑을 하는 두 사람의 모습과 닮아 있다.

"Happiness isn't happiness without a violin-playing goat."

그림에 등장하는 '바이올린을 켜는 염소'는 어쩐지 월리엄의 친구들을 떠올리게 한다. 사고로 휠체어에 의지해 지내야 하는 벨라, 변변치 않은 남자만 만나고 다니는 여동생 허니, 해고당하기 직전의 능력 없는 증권사 직원 버니, 정체를 알 수 없는 룸메이트 스파이크까지. 마지막 브라우니 한 조각을 차지하기 위해 자신의 인생이 가장 엉망이라고 자랑하는 그의 친구들은 조금 모자라 보이지만 그 누구보다 월리엄의 행복을 바란다. '바이올린을 켜는 염소'가 없으면 진짜 행복이 아니듯, 런던을 활주하는 무모한 친구들이 없었다면 월리엄은 진정한 사랑을 만나지 못한 채 살아갔을 것이다.

Coffee Republic의 대각선 건너편인 월리엄의 파란 대문집 앞엔 드문드문 관광객들이 오갈 뿐이었다. 멍하니 문 앞에 서서 커피를 홀짝이는 나에게 한 관광객이 사진을 찍어 줄 것을 요청했다. 초인종을 누르면 엉덩이를 반쯤 내놓은 속옷 차림의 스파이크가 문을 열어 주는 상상을 하며 카메라를 들어 올렸다.

당신의 미소는

당신에게 내가 필요하다는 걸

알게 해 줘요.

진실 가득한 당신의 눈동자는

결코 나를 떠나지 않을 거란 걸

말해 줘요.

마치
고백을 받은
사람처럼

윌리엄의 친구이자 부부인 벨라와 맥스가 함께 살던 집은 포토벨로 로드에서 걸어서 10분도 채 걸리지 않는 랜스돈 로드(Lansdowne Road)에 위치해 있다. 흔히 노팅힐을 부와 가난이 공존하는 곳이라고 하는데 이민자들의 축제가 열리는 포토벨로 로드를 조금만 벗어나면 파스텔 톤의 잘 정돈된 저택들이 자리하고 있었다.

런던을 걸으면서 영국은 사유지 관리에 엄격한 나라라는 생각을 종종 했다. 'Private'이라고 정해진 구역에서는 전화 통화나 사진 촬영, 음식물 섭취, 개 산책이 금지되어 있었고, 정해진 규칙을 따르지 않을 경우 벌금이 부과된다는 푯말을 자주 발견했기 때문이다. 벨라와 맥스가 사는 랜스돈 로드도 사유지로 분류된 지역이었는데, 정확히 말하면 Ladbroke 구역의 거주자들이 공동으로 관리하는 사유 주택단지였다. 거리 사이사이에 총 16개의 크고 작은 정원이 있으며 각 정원은 해당 거주자들의 관리비로 유지되고 있어 외부인들의 출입이 엄격하게 통제가 되고 있었다.

윌리엄과 안나가 몰래 담을 넘어 키스를 나누던 로즈미드 정원(Rosmead Gardens)도 사유 정원 중 한 곳으로 허락 없이는 출입이 불가능했기 때문에 정원의 입구 사진만 남기고 발걸음을 돌려야 했

다. 아쉬운 마음에 휴대폰 속 플레이리스트를 재생시켰다. 〈노팅 힐〉
에는 사랑에 빠진 남자가 그 상대를 어떻게 바라보는지를 표현하는
삽입곡이 많은데 특히 정원 벤치에 앉아 있을 때 흐르던 'When you
say nothing at all'은 마치 윌리엄의 사랑 고백처럼 들린다.

The smile on your face lets me know that you need me
(당신의 미소는 당신에게 내가 필요하다는 걸 알게 해 줘요)
There's a truth in your eyes saying you'll never leave me
(진실 가득한 당신의 눈동자는 결코 나를 떠나지 않을 거란 걸 말해
줘요)
- Ronan Keating, 'When you say nothing at all'

이 곡은 미국에서 그래미상을 28번이나 수상한 앨리슨 크라우스
(Alison Krauss)가 불러 유명해진 곡인데 영화에서는 앨리슨의 버전
이 아닌 아일랜드 그룹 보이존(Boyzone)의 멤버 로난 키팅(Ronan
Keating)의 버전으로 삽입이 되었다.

많은 사람들이 〈노팅 힐〉의 OST로 'She'나 'Ain't no sunshine'을
꼽지만 내 마음속 OST는 역시 'When you say nothing at all'이다.

나에게 대화는 그 무엇보다 중요하지만, 때론 말보다 마음이 먼저 닿는 관계도 있으니까.

한 가지 씁쓸한 점은 로즈미드 정원에서 두 차례나 등장했던 'June과 Joseph의 벤치'가 현재 런던이 아닌 호주 퍼스의 퀸즈 가든(Queen's Gardens)에 설치되어 있다는 것이었다. 영화가 개봉된 후 한 남성이 프러포즈용으로 이 로맨틱한 나무 벤치를 사들였지만, 결말이 좋지 않아 결국 호주의 한 공원에 기부를 했다는 후일담이었다. 익명으로 남길 원한다는 바람대로 기부자의 이름은 밝혀지지 않았지만 벤치 뒤편에 새겨진 'Rodd & Nicole 2002'라는 글자가 유일하게 그가 누구인지를 암시하고 있다고 한다.

노래 한 곡을 다 듣고 나니 어느새 포토벨로 로드로 다시 돌아와 있었다. 시간은 어느덧 저녁 7시. 마지막 정리를 하는 꽃 가게로 뛰어가 나를 위한 꽃 몇 송이를 샀다. 이름 모를 꽃이었지만 마치 누군가의 고백을 받은 사람처럼 마음이 간지러웠다. 내일 아침엔 꽃향기를 맡으며 잠에서 깰 수 있겠지. 상상만으로도 향기로워졌다.

이부자리를 정리하고 짐을 챙겨 나오기 전 마지막으로 빈방을 돌아봤다. 드디어 불편한 도미토리가 아닌 푹신한 내 침대에서 잠들 수 있다는 안도감과 어정쩡한 결과물을 가지고 돌아가야만 하는 불편함이 한데 섞인 기분이 들었다. 〈어바웃 타임〉 촬영이 마음먹은 대로 되지 않았기 때문이었다. 나는 끄응 소리를 내며 가방을 둘러메고는 아쉬운 장소들을 한 번 더 찾기로 했다.

포토벨로 마켓이 끝나는 지점인 골본 로드 102번지에 위치한 팀과 메리의 집은 런던의 많은 건물이 그러하듯 1층은 상가, 2층부터 주택인 주상복합이었다. 노팅힐을 걸을 때마다 이곳에 들렀지만 매번 문이 굳게 닫혀 있었는데 마지막 날에야 1층 전체가 카페로 사용되고 있다는 걸 확인할 수 있었다.

여행지에서는 걸어 다니는 편을 선호하는 나조차도 교통비가 유독 비싼 런던에서는 강제 도보 이동을 하는 경우가 많았다. 특히 전철을 타기에는 노선이 애매하고 버스도 안 다니는 장소들은 어쩔 수 없이 걸어갈 수밖에 없었는데, 팀이 런던에 도착하자마자 찾아간 극작가 해리의 집은 숙소에서 45분을 꼬박 걸어야만 하는 거리였다.

브론즈버리 로드(Brondesbury Road)에서 해리의 집을 찾는 건 그리 어렵지 않았다. 입구까지 나무 덤불로 뒤덮인 곳은 해리의 집뿐이었다. 다만 영화 속에서 초록 페인트가 칠해져 있던 입구는 연보라색으로 바뀌어 있었다. 사진을 찍다가 실제로 사람이 사는 집이라는 데 생각이 미치자 금방이라도 해리가 튀어나와 옥박을 지를 것 같아 서둘러 거리를 빠져나왔다.

'How long will I love you(내가 얼마나 오래 당신을 사랑할 수 있을까)' 노래를 부르던 전철역은 비틀즈의 앨범 재킷 사진으로 유명한 애비 로드(Abbey Road)에서 10분 정도 떨어진 마이다 베일(Maida Vale)역이었다. 개찰구를 지나 팀과 메리가 서로에게 기대어 있던 에스컬레이터를 타고 플랫폼으로 내려갔다. 주요 관광지역이 아니다 보니 시티에 있는 전철역에 비해 크기는 작았지만 갓 사랑을 시작한 커플의 아기자기한 일상을 담기에 그만인 곳이었다.

역을 이용하는 사람도 거의 없어 원하는 만큼 촬영을 할 수 있겠다는 생각에 사진을 찍기 전부터 입꼬리가 말려 올라갔다. 주황색 조명 아래에서 시험 삼아 사진을 한 장 찍고 구도를 확인하려는데 열차가 들어오는 소리와 함께 플랫폼 전체에 바람이 불었다. 그 순간 아슬아슬

하게 손가락 사이에 끼어 있던 촬영용 사진이 스윽 하고 빠져나가더니, 역 전체를 양탄자마냥 날아다니다가 반대편 철로 위로 가볍게 떨어졌다. 나는 태엽이 풀려 버린 오르골처럼 가만했다. 바닥에 철썩 달라붙은 사진을 바라보며 한참을 역에서 빠져나오지 못했다.

그리고 돌아가기 전 마지막으로 마이다 베일역을 다시 찾았다. 이번에는 못다 한 촬영을 전부 마치고 역을 빠져나오면서 아무 역에나 내려 터덜터덜 숙소로 걸어가던 그날 일을 떠올렸다. 평범하지도, 특별하지도 않은 날이었지만 고단한 하루 끝에 날 기다리고 있던 건 붉게 피어난 노을이었다. 바보 같은 짓으로 촬영을 망쳐 버렸고 숙소로 가는 내내 길을 헤맸지만 이름 모를 거리를 걸으며 그런 생각을 했던 것 같다. 이런 완벽하지 않은 순간들이 모여 여행이 되는 게 아닐까 하는.

공항으로 가는 버스 안에서 바라본 창밖에도 노을이 지고 있었다. 하루 종일 배낭을 짊어지고 걸은 탓에 곧 잠이 들 것처럼 눈꺼풀이 감겨 왔다. 아쉬운 날도 있었고 못 견디게 좋은 날도 있었지만 그 순간엔 모든 걸 잊고 버스의 불규칙한 흔들림에 의지했다. 여행의 끝에서 할 일은 그저 일상으로 돌아가서도 하루를 버틸 수 있는 기억을 간직한 채 떠나는 것이니까.

차창에 얼굴을 기대어 바람에 흩어지는 구름을 바라봤다. 붉게 내려

앉은 런던의 하늘이 나에게 말했다.

'이제 돌아갈 시간이야.'

"어떻게 이런 게 가능해? 어떻게 이럴 수 있어."

"난 사랑에 빠졌어."

"숙명처럼 말하네? 사랑은 순간의 선택이야. 거부할 수도 있는 거라고.

너한테도 분명 선택의 순간이 있었어."

6

클로저

Closer

London, England

사랑의 유효 기간

런던을 다시 찾은 건 2년이 지나서였다. 로맨스를 들어낸 런던의 회색빛 하늘은 〈노팅 힐〉의 온화함과는 거리가 멀었다. 언제 비를 내릴지 모르는 도시의 불안한 공기가 〈클로저〉와 닮았다는 생각을 했다. 부고기사를 쓰는 댄, 남을 대신해 죽은 사람들을 위한 공원, 회색 콘크리트와 르네상스 모텔, 마치 거대한 수족관 속에 들어와 있는 듯한 스산함. 〈클로저〉의 온도는 이 정도가 아닐까.

I can't take my eyes off you. I can't take my eyes off you.
– Damien Rice, 'The Blower's Daughter'

영화의 시작과 동시에 서로에게 시선을 빼앗긴 두 남녀가 걸어온다. 그들의 얼굴 위로 데미안 라이스(Damien Rice)의 목소리가 흐른다. '너에게서 눈을 뗄 수 없어.' 마치 사랑을 노래하는 듯한 이 OST는 영화가 끝날 때까지 'Til I find somebody new(그 유효기간은 다른 사람이 나타나기 전까지)'라는 마지막 가사를 숨긴다.

당시 나는 한차례 이별을 겪은 후의 후유증에서 자유롭지 못한 상태였다. 사랑은 비이성적이고 비논리적인 것이라고 생각해 왔지만 사랑보다 더 지독한 건 이별이었다. 우리가 왜 헤어져야 하는지, 도대체 그는 나를 왜 떠난 건지 납득하기 어려웠다. 첫눈에 반한 건 아니었지만 강한 이끌림 같은 게 있다고 믿었다. 그는 나의 좋은 점을 나열할 수는 있지만 이유 없이 좋은 게 가장 큰 이유라고 속삭이곤 했었다.

"어떻게 이런 게 가능해? 어떻게 이럴 수 있어."
"난 사랑에 빠졌어."
"숙명처럼 말하네? 사랑은 순간의 선택이야. 거부할 수도 있는 거라고. 너한테도 분명 선택의 순간이 있었어."

어쩌면 그에게도 새로운 사랑이 찾아왔을지 모른다. 새로운 사랑 앞에서 거부할 수 없는 숙명이라 믿으며, 기꺼이 그 속으로 걸어 들어갔을지도 모른다. 자신의 힘으로는 도저히 헤어날 수 없는, 깊은 웅덩이에라도 빠진 듯이 사랑에 잠겨 들어갔을지도 모를 일이다. 그가 날 떠날 이유가 없다는 말만 반복하던 내게 누군가 말했다.

"헤어지는 이유? 간단해. 네가 싫어졌거나 다른 여자가 좋아진 거지."

런던, 수많은 낯선 사람들 사이에서 우두커니, 실체 없는 사랑의 진짜 모습을 마주했다.

LOOK RIGHT

우리는
사랑 앞에서
가면을 쓴다

'런던은 쉴 새 없이 나를 매혹하고 자극하고 내게 극을 보여 주고 이야기와 시를 들려준다. 두 다리로 부지런히 거리를 누비는 수고만 감내하면 아무것도 걸리적거릴 것 없다. 혼자 런던을 걷는 시간이 내게는 가장 큰 휴식이다.'
– 버지니아 울프의 일기[1] 중에서

진정한 런던 토박이를 한 사람도 모르면 런던을 안다고 말할 수 없다. 그 런던 토박이가 버지니아 울프라면 이야기는 달라진다. 울프는 에세이 '런던풍경'을 통해 동전의 양면처럼 맞붙어 있는 아름다움과 추함, 화려함과 천박함, 혼란과 에너지를 모두 관찰하고 소요하며 모순으로 꿈틀대는 런던의 진짜 모습을 담아냈다.[2] 〈클로저〉에서 이야기하는 사랑의 양면성과도 같은 모습이었다. 숙소에 짐을 풀고는 혼자 런던을 걷는 시간이 가장 큰 휴식이라 여기며 산책을 나가던 버지니아 울프를 따라 걷기로 했다.

---

1 버지니아 울프, 『런던을 걷는 게 좋아, 버지니아 울프는 말했다』, 정은문고, 2017
  이 글에 나오는 버지니아 울프의 일기는 모두 위의 책에서 인용했다.
2 위의 책

댄과 앨리스가 세인트 폴 대성당(St Paul's Cathedral) 방향으로 걸어가다 우연히 발견한 공원은 포스트맨 파크(Postman's Park)라 불리는 작은 공원이다. 인근에 위치한 우체국 직원들이 점심시간에 자주 방문해 붙여진 이름이었다.

킹 에드워드 스트리트(King Edward Street)를 따라 세인트 폴 대성당의 높게 솟은 돔을 바라보며 걷다 보면 포스트맨 파크의 입구를 만날 수 있다. 영국이 대성당 주변에 돔보다 높은 건물을 짓지 못하도록 법으로 규정해 대성당 주변에서는 어디서든 돔을 쉽게 찾을 수 있다.

포스트맨 파크는 공원이라기보다는 건물 사이에 조성된 그늘 정원에 가까운 곳이었다. 정원의 중심에는 벤치가 길을 따라 둥글게 놓여 있었고 맞은편에는 나무 기둥 아래 남을 위해 희생된 영웅들의 이름과 날짜가 새겨진 타일이 줄지어 전시되어 있었다. 이 타일은 'The memorial to heroic self sacrifice', 영웅적 희생 기념비라는 1900년에 시작된 프로젝트로 평범한 일상 속에서 자신을 희생한 작은 영웅들의 이름을 새겨 넣은 것이었다. 나탈리 포트먼이 제인 존스 대신 갈아입었던 앨리스 아이리스라는 인물은 한 가정집에서 식모로 일하던 여성이었는데, 집에 불이 나자 침대 매트리스를 창문 밖으로 던져

집주인 아이들 3명을 매트리스 위로 떨어트린 후 자신은 목숨을 잃은 의인이었다.

"당신 이름은?"
"앨리스. 앨리스 아이리스."

앨리스 아이리스의 이름이 새겨진 타일을 사진에 담으며 댄이 이야기하는 진실성이 과연 사랑을 담보로 하는지에 대해 생각했다. 제인 존스가 앨리스 아이리스라는 이름으로 자신을 숨긴 것처럼 우리는 사랑 앞에서 가면을 쓴다. 어쩌면 상대방에게 잘 보이기 위해 자신의 진짜 모습을 숨기는 것에서부터 사랑이 시작되는 게 아닐까. 그렇다면 그 가면이 벗겨져도 우리는 계속 사랑할 수 있을까?

"이제 널 사랑하지 않아."
"언제부터?"
"지금. 거짓말하기도 싫고 진실도 말할 수 없으니까 끝내야지."

이별 후 댄이 다시 이곳을 찾아 앨리스의 정체를 알게 되었을 때 결국 그녀는 다시 낯선 사람으로 돌아간다.

COMMEMORA

그토록 가까운 사이라 생각했던 사람(Closer)도

그저 거리의 수많은 낯선 이(Stranger)에 불과한 존재가 된다.

심지어 이름조차 모르는.

버지니아 울프를 따라
걷기로 했다

공원을 빠져나와 세인트 폴 대성당으로 걸었다. 얼마 가지 않아 버지니아 울프가 "세상 어느 건축물도 세인트 폴의 위력은 넘어서지 못한다."고 말했을 정도로 거대한 외벽이 눈앞을 가로막았다. 로마의 성 베드로 성당에 이어 세계에서 두 번째로 크다는 세인트 폴 대성당은 단순히 외관만으로 런던을 대표하는 것은 아니었다. 1666년 런던 대화재로 완전히 소실된 성당을 재건하기까지 35년이라는 시간이 걸린 데 모자라, 1940년 런던 대공습 당시 29발의 폭탄이 모두 세인트 폴 대성당을 피해가 공습에도 무너지지 않는 영국인의 의지를 상징하게 되었다.

'그 안에 들어섬과 동시에 우리는 세인트 폴이 하사하는 멈춤과 확장, 조급과 수고에서 놓여남의 과정을 경험한다.'

입이 떡 벌어지는 입장료[1]를 내면서까지 성당의 내부로 들어선 것은 순전히 버지니아 울프의 글 때문이었다. 글만으로는 도저히 그녀의 표현을 이해할 수 없어 직접 확인해 보기 위해서였다. 마침 이날은 일요일이었고 미사에 참여하는 사람들에 한해서는 무료 입장이 가능했

1 2017년 방문 당시 18파운드

지만 나의 목적은 돔에 오르는 것이었기에 입장료를 지불하고 안으로 들어갔다.

성당 내부는 미사 준비로 혼잡했지만, 생각했던 것 이상으로 웅장하고 화려했다. 사람들을 피해 지하 납골당을 조금 둘러보고 나서 밀레니엄 브리지와 테이트모던 갤러리를 포함해 런던 시티가 한눈에 내려다보인다는 옥상으로 향했다. 옥상에 올라 바라본 런던의 전경은, 높은 곳을 그리 좋아하지 않는 나마저도 들뜨게 만들 정도였다. 템스강을 두르고 서 있는 수많은 건물들과 저 멀리 런던아이가 한데 보이는 풍경 앞에서 나는 그저 돔에 오르길 잘했다는 생각만을 되뇌일 뿐이었다.

마치 성 꼭대기에 갇힌 공주를 구한 기사의 발걸음처럼 돌계단을 힘차게 내려와 조금 더 성당에 머물기로 했다. 의자에 앉아 멍하니 사람들을 구경하는데, 어디선가 파이프 오르간 소리가 들려왔다. 미사가 시작된 것 같았다. 그 순간 머리와 심장을 연결하는 실이 끊어진 것처럼 눈물이 왈칵 쏟아졌다. 나는 천주교 신자도 아니었고 별안간 눈물을 쏟을 정도로 힘든 일도 없었기에 나조차도 당황스러웠다. 기도를 하진 않았지만 자연스럽게 두 손을 모았다. 여전히 버지니아 울프가

이야기한 세인트 폴의 멈춤과 확장이라든지 조급과 수고가 무엇을 의미하는지 알 수 없었지만 그녀와 같은 기분을 공유하고 있다는 생각이 들었다.

'우렁찬 트럼펫 소리와 깃발이 내걸린 엄숙한 대회의실과 화려한 홀로 통하는 대리석 계단이 펼쳐질 것 같다. 이 장엄한 건축물에는 수고와 고통과 희열이 들어설 자리가 없다.'

민망한 상황에 눈물을 닦고 일어나려는데 난간에 기대 있던 백발의 할머니와 눈이 마주쳤다. 눈물자국 때문에 엉망이 된 얼굴로 배시시 웃어 보이자 할머니가 눈을 지그시 감고는 고개를 끄덕였다. 다시 눈물이 터져 나올 것 같아 꾸벅 인사를 하고 서둘러 성당 밖으로 빠져나왔다.

보석 같은
카페를
발견하는 일

사진작가 안나와 댄의 관계를 눈치챈 앨리스가 안나와 날선 대화를
이어 가던 이곳은 웨스트랜드 플레이스(Westland Place)에 위치한
예술가들의 스튜디오다. 담배 파우치 공장이었던 4층을 개조해 만든
이 스튜디오는 화가, 판화, 조각가, 사진작가, 일러스트레이터, 도예가
및 디자이너들로 이루어진 곳으로 올드 스트리트(Old Street) 지역
에서 가장 오래된 예술가 커뮤니티 중 하나다.

웨스트랜드 플레이스 거리는 외벽에서부터 흘러온 시간이 느껴지는
오래된 산업 건물들이 자리하고 있어 20세기 초의 런던으로 걸어 들
어온 듯한 분위기를 연출했다.

촬영을 마친 뒤 우연히 들어선 스튜디오 옆 작은 카페는 소박하지만
벽을 둘러싼, 칠이 벗겨진 합판이 아늑함을 더해 주고 있었다. 작은 공
간에 촘촘히 배치되어 있는 테이블에선 적당한 소음이 들려왔고 군데
군데 놓여 있는 빈 와인병이 어둠이 내린 후 이곳의 분위기를 상상하
게 했다.

여행지에서 보석 같은 카페를 발견하는 것만큼 설레는 일도 드물다.
'나만 알고 싶은 카페'가 생긴다는 것은 런던아이나 타워 브리지를 다

London Borough of Hackney
Westland
Place N1

시 찾는 것과는 다르다. 낯이 익은 카페 주인과 친근한 인사를 나누는 것에는 여행 이상의 의미가 있다. 나만의 착각일지라도 그곳의 일상을 사는 사람들과 긴밀한 관계가 되는 것이다.

여행지에서도 하루에 한 잔씩은 꼭 커피를 마셔야 하는 내가 숙소에 짐을 풀고 가장 먼저 하는 일은 마음에 드는 카페를 찾는 것이었다. 런던에서 질 좋은 커피나 세련된 카페를 찾는 일은 어렵지 않았지만 머물렀을 때 마음이 편해지는 곳이나 부스스한 상태로 부담 없이 찾아 커피 한 잔에 잠을 깰 수 있는 카페는 만나기 힘들었다. 그런데 우연히 들어간 웨스트랜드 플레이스 작은 골목의 한 카페가 나에게 그런 곳으로 다가왔다. 숙소와는 꽤 떨어져 있었지만 이른 아침 산책을 하면 그만이었다.

런던에 머무는 4일간 나는 아침 안개 속에서 출근하는 런더너들 사이에 섞여 부지런히 카페를 향해 걸었다. 어느 날은 라테 한 잔을 사 들고 숙소와 전혀 반대 방향으로 산책을 이어 가기도 했다. 한 시간가량 이어지는 이 산책은 웨스트랜드 플레이스에서 올드 스트리트역을 지나 그레이트 이스턴 스트리트(Great Eastern Street)와 커머셜 스트리트(Commercial Street)를 따라 걷는 경로였다.

올드 스트리트를 포함해 브릭레인(Brick Lane)이 있는 쇼디치(Shoreditch)와 스피탈필드(Spitalfield)가 속해 있는 이스트 런던(East London)은 개성 있는 카페와 레스토랑, 빈티지 마켓, 스튜디오가 밀집해 있어 길을 걷는 내내 근사한 곳을 발견하는 재미가 있었다. 많은 예술가들이 집값이 비싼 센트럴을 벗어나 이 지역으로 몰려들면서 지금의 이스트 런던 특유의 분위기가 만들어진 것이었다.

사실 산책을 마치고 숙소로 돌아가는 길이 즐겁지만은 않았다. 아침마다 왕복 두 시간의 산책을 할 수 있었던 건 숙소에 머무는 시간을 조금이라도 줄여 보기 위함이었다. 여섯 개의 노선이 지나 교통이 편할 것 같아서 선택한 킹스 크로스(King's Cross)역 인근의 숙소는 알고 보니 철제 3층 침대가 놓여 있는 곳이었다. 잠자리를 잘 가리지 않아 저렴한 도미토리를 자주 이용해 왔던 나에게도 3층 침대는 처음이었다. 침대는 튼튼했지만 한 번 올라가면 다시 내려올 엄두가 나지 않는 높이였다.

유럽 건물이 아무리 높다 한들 3층짜리 침대가 놓이기에는 천장이 낮았다. 오밤중에 누군가 불이라도 켜면 예고 없이 눈앞에 빛이 들어왔다. 잠에 들지 못하는 건 당연했고 간신히 잠에 들어도 예의 없는 친구들 탓에 잠에서 깬 게 한두 번이 아니었다.

그래도 무사히 숙소 생활을 마칠 수 있었던 건, 오전 시간의 거의 전부를 차지하던 산책과 웨스트랜드 플레이스 카페의 라테 한 잔 덕분이었다. 그래서일까. 어쩌다 새벽녘의 차가운 공기 속을 걸을 때면 런던 산책길에 마시던 라테 한 잔이 입김처럼 피어오른다. 후후 불어 마시던 부드러운 우유 거품과 그 뒤의 텁텁함까지.

제외된 건
진실뿐

"당신 애인이 책을 썼다는 이야길 들었소. 당신 얘기라던데?"
"일부만."
"빼먹은 건 뭐요?"
"진실."

런던에서 길을 건널 때 자연스럽게 오른쪽으로 고개를 돌리는 일에는 조금 시간이 걸린다. 눈으로는 아스팔트 위에 새겨진 'Look Right'를 보고 있다가도, 기억은 금세 도로 위 벗겨진 페인트처럼 희미해진다. 그리고 새로운 방향에 익숙해질 즈음 런던을 떠나게 된다.

"예술 애호가입네 잘난 척 떠드는 작자들은 아름답다고 찬사를 보내겠지만 사진 속 인물들은 슬프고 외로워요. 근데 사진은 세상을 아름답게 왜곡시키죠."

무엇이든 한쪽만을 바라보는데 익숙한 우리는 다른 면을 바라보는 게 쉽지 않다. 만일 다른 면에 자리한 게 '진실'이라면, 애써 고개를 돌린다. 안나의 사진에 담긴 앨리스의 얼굴과 댄의 책 속에 담긴 그녀의 삶. '그 속에서 제외된 건 진실뿐'이라는 앨리스의 말은 '아름답지 못한 것'에 외면해 왔던 우리의 눈을 정면으로 맞춰 온다.

〈클로저〉를 보는 내내 마음 한구석이 불편한 이유는 이 때문이다. 여느 로맨틱 영화처럼 남녀가 사랑에 빠지는 순간이 아닌 사랑하기 때문에 저지르는 절망적인 짓들을, 발기발기 찢긴 감정의 파열음을, 사랑을 담보로 내뱉는 말들을, 이 영화는 런던의 묵직한 공기에 그대로 담아내고 있다. 사랑에는 아름다움만이 존재할까. 슬프게도 우리는 이 질문에 대한 대답을 알고 있다.

안나의 사진전이 열린 WHITELEYS 쇼핑몰은 어떤 이유에선지 내부 촬영이 자유롭지 않았다. 사진전이 열린 건 쇼핑몰의 3층이었지만 2층에 한해서만 촬영 허락을 받을 수 있었고 그마저도 사진을 찍은 후에 상황실에서 검사를 받아야만 했다. 시큐리티의 눈치를 보며 급하게 촬영을 마치고 내려와 카메라 속 사진을 확인했다. 마음에 드는 컷이 하나도 없었다.

"이 전시회는 말짱 사기극인데 우습게도 사람들은 거짓에 열광하죠."

사진을 지워 버릴까 하다가 앨리스의 대사가 떠올라 그대로 두었다. 이 사진만큼은 진실로 남겨 두고 싶었다.

strangers

런던의 이면을 담은 또 다른 여인이 있었다. 버지니아 울프. 그녀는 템스강을 따라 걷다 발견한 도시의 폐기물에서 눈을 피하지 않았다. 강변을 따라 늘어선 우중충한 낡은 창고와 불길한 난쟁이 도시처럼 앉아 있는 인부들의 숙소도 놓치지 않고 기록했다. 산책에서 건져 올린 관찰은 차곡차곡 글로 수집되었고, 그녀의 산책길은 소설 『댈러웨이 부인』에서 클라리사가 스위트피 꽃을 한아름 안고 집으로 향하던 길로 표현되었다.

댈러웨이 부인, 클라리사는 6월의 어느 수요일 아침, 꽃을 사기 위해 런던의 상쾌한 공기 속으로 걸어 들어간다. 그녀의 집이 있던 빅토리아 스트리트(Victoria Street)에서 세인트 제임스 파크(St. James Park)를 거쳐 꽃집 멀버리가 있던 본드 스트리트(Bond Street)까지. 그녀는 의식의 흐름 그대로 산책길의 풍경을 묘사한다.

런던에서의 마지막 날, 나에게 주어진 마지막 산책은 댈러웨이 부인이 걷던 6월의 길을 따라 걷기로 했다. 웨스트민스터 사원에서부터 빅벤까지 이어진 빅토리아 스트리트는 언제나 사람들로 붐볐다. 정신 없이 관광객 대열에 이끌려 걷다 보니 댈러웨이 부인이 우연히 휴 위트브레드를 만나는 세인트 제임스 파크의 입구가 보였다. 도시의 잡

음이 말끔히 사라진 공원에선 유유히 호수 위를 헤엄치는 오리들만이 시간이 흐르고 있다는 걸 알려 주고 있었다. 달콤한 무기력함이 몰려왔지만 비행기 시간을 맞추려면 빠듯하게 움직여야 했다. 말굽 소리를 들으며 버킹엄 팰리스 가든과 그린 공원 사이에 있는 산책로 Constitution Hill을 따라 걸었다. 산책로는 버스 투어를 하는 관광객들의 유쾌한 웃음소리와 각자의 시간 속을 유영하는 사람들의 잔잔한 소음으로 넘쳐났다.

그리고 나는 깨달았다. 한 면만을 바라보고 있었던 건 나 자신이었다는 사실을. 영화의 스산한 온도를 유지하기 위해 나는 숙소 벽에 걸린 햇살이나 자유로운 공기, 템스 강변에서 뛰놀던 아이들의 웃음소리, 우주처럼 반짝이던 모든 순간들을 애써 무시하고, 댈러웨이 부인이 환희에 차서 걷던 런던 거리의 아름다움을 철저히 모른 척해 왔던 것이었다.

"인생을 사랑하고 있어. 사람들 눈 속에, 팔을 휘젓고 또는 발소리를 요란히 내고 뚜벅거리며 걸어가는 사람들의 걸음걸이 속에, (…) 또 머리 위로 날아가는 비행기의 묘하고 드높은 폭음 속에 내가 사랑하는 것이 들어 있어. 인생, 런던, 6월의 이 순간이."[1]

공항버스를 타기까지는 3시간이 남아 있었다. 욕심을 내어 조금 더 산책을 이어 가기로 했다. 본드 스트리트에 꽃집 멀버리가 아직까지 남아 있다면 스위트피 꽃 한 송이를 사야겠다고 생각했다. 여행의 마지막 장에 런던의 아름다운 면을 가득 담아 두어야지. 그리고 누군가 물어보면 이렇게 대답해야지.

"어딜 가십니까?"
"난 런던 거리를 걷는 게 좋아요."[1]

1 버지니아 울프, 『댈러웨이 부인』 열린책들, 2009

"Milujes ho(그를 사랑해)?"

"Miluju tebe(당신을 사랑해)."

7

원스

Once

Dublin, Ireland

밤에 나눈 대화는
노래가 되어

"더블린에 왜 3일씩이나 머무는 거야?"

독일 체류 비자가 떡하니 찍힌 여권을 보여 줬는데도 꼬치꼬치 캐묻는 입국심사에 조금 짜증이 나려는 참이었다. 비행기 티켓이며 호스텔 예약증까지 필요한 건 모두 제출했는데도 '흠' 하고 쳐다보길래 가방에 넣어 두었던 사진을 몇 장 꺼내 보였다.

"영화 〈원스〉 촬영지 찾아가려고요."

인쇄해 온 영화의 스틸컷과 그동안 촬영했던 사진들을 보여 주며 설명을 하니 그제야 "Once, the movie?" 하고 되물었다. 그래요. 바로 그 〈원스〉라고요. 그러자 줄곧 깐깐한 조교 얼굴을 하고 있던 심사원의 눈빛이 누그러지더니 "Romantic girl."이라는 말이 돌아왔다. 영화에서 시종일관 무뚝뚝한 표정을 유지하더니 갑자기 기타를 꺼내 들고 연주를 하던 소액대출 매니저가 생각나 피식 웃음이 났다. 정말 알다가도 모를 사람들이라니까.

다른 지역보다 한 달 더 빨리 겨울이 시작된다는 더블린은 베를린보다 3도 정도 기온이 낮았다. 비가 오는 날보다 오지 않는 날을 세는 게

빠르다는, 익히 들었던 그 명성처럼 공항 밖에는 어김없이 비가 내리고 있었다. 서머타임이 끝나자마자 베를린의 겨울을 피해 온 여행이었는데 겨울로 향하는 급행열차로 갈아탄 셈이었다.

"방금 그 노래 직접 만든 거예요?"
"아직 만드는 중이에요."

더블린의 만남의 광장이라는 스파이어(The Spire)에서 S를 만났다. S, 그녀를 알게 된 건 외교부에서 진행하는 해외통신원이라는 프로그램을 통해서였다. 더블린 여행을 하고 싶다는 나의 말에 S는 흔쾌히 동행이 되어 주었다. 내가 알고 있는 '길치' 중에서도 1, 2등을 다투는 S 덕분에 우리는 자주 길을 잃었고, 길 위에서 만난 순간들을 떠올리느라 밤이 새는 줄 몰랐다. 우리의 여행은 어설펐지만, 미완의 가사를 써 내려가듯 밤에 나눈 대화는 노래가 되어 흘렀다. 우리는 그렇게 여행 내내 서로의 말을 이불처럼 덮고 잠에 들었다.

걸음을
멈춰 서게 만드는
노래가 있다

Take this sinking boat and point it home

We've still got time

Raise your hopeful voice you had a choice

You've made it now

Falling slowly sing your melody

I'll sing along

- Glen Hansard/Marketa Irglova, 'Falling Slowly'

걸음을 멈춰 서게 만드는 노래들이 있다. 랜덤 재생으로 설정해 놓은 플레이어에서 우연히 들려오는 멜로디에 주저앉고 싶어지는 순간들이 있다. 나에게 'Falling Slowly'는 그런 곡이었다. 모든 게 다 내 탓인 것 같던 사회 초년생 시절, 꾸역꾸역 눈물을 참고 지내던 때였다. 누구에게라도 우는 모습을 보이는 게 싫었던 나는 자주 한강에 갔다. 무지개 분수를 보며 마치 일본 드라마의 여주인공처럼 차가운 맥주를 홀짝이는 게 나름의 주문 같은 거였다. '오늘도 잘 보냈습니다'가 아닌 '내일 하루도 울지 않고 버티게 해 주세요' 하는 나만의 주문. 그럼 거짓말처럼 힘이 솟아 마지막 한 방울까지 맥주를 탈탈 털어 마시고는 집까지 씩씩하게 걸었다.

그러다가도 어느 날엔 끌어안은 무릎 위로 툭툭 눈물이 떨어졌다. 무지개 분수에서 'Falling Slowly'가 흘러나올 때였다. 곡의 의미라거나 영화의 메시지와는 상관없는 이유였다. 그저 '잘 될거야' 위로를 내뱉는 긍정의 멜로디보다 저변에 아픔이, 우울이 깔린 노래에 단단하게 쌓아 올린 마음이 무너져 내린 거였다.

'Falling Slowly'를 연주했던 악기점 월턴스(Waltons)에 가기 전에 조지 스트리트 아케이드(George Street Arcade)에 위치한 카페 시몬스 플레이스(Simon's Place)에서 간단하게 브런치를 먹기로 했다. 조지 스트리트 아케이드는 영국 빅토리아 건축 스타일의 쇼핑센터로 처음에는 더블린 시민들에게 환영을 받지 못하다가, 1894년 다시 문을 연 이후로 더블린의 새로운 문화거리로 자리를 잡은 곳이다. 쇼핑센터 안에는 카페, 책방, 골동품 가게, 옷 가게 등 다양한 상점들이 작은 마을처럼 옹기종기 모여 있었다.

시몬스 플레이스는 더블린이 버스킹의 도시라는 걸 알려 주기라도 하듯 다양한 공연 포스터가 벽을 가득 채우고 있었다. 아담한 카페에는 빈자리가 거의 없었고 주인공이 배를 채우던 창가 자리도 이미 다른 사람의 차지가 되었지만, 따뜻한 라테와 핫초코를 마시며 몸을 녹일 수 있다면 아무렴 어때 하는 생각이 들었다. 창밖에는 우산을 쓰거나 옷이 젖도록 내버려 둔 사람들이 바쁘게 움직이고 있었다.

카페에서 빠져나온 우리는 우산을 펼치는 대신 빠른 걸음으로 월턴스를 향해 걸었다. 'Falling Slowly'를 연주한 악기점 월턴스[1]는 확장 리모델링으로 공간이 더 커졌을 뿐 영화와 그리 다르지 않은 모습이었다. 마음대로 악기를 연주하는 사람들이나 그들을 크게 신경 쓰지 않는 주인의 모습은 오히려 영화 그대로였다.

밖에는 여전히 비가 내리고 있었다. 어쩌면 이 혹독한 더블린의 날씨가 우울이 깊게 깔린 그들만의 음악을 만들어 낸 것은 아닐까. 그리고 그 음악에 위로받아 온 나는 더블린에 빚지고 살아왔음을 깨닫는다.

그저 이렇게
하루를 흘려보내는 것도

10 years ago I fell in a love with an Irish girl

She took my heart

But she went and screwed some guy that she knew

And then I'm in Dublin with broken heart

- Glen Hansard, 'Broken hearted hoover fixer sucker guy'

버스의 문이 열리는 찰나에 의자 시트를 확인하고는 무작정 버스에 올라탔다. 10년 전 헤어진 여자와의 이별을 노래하던 글렌 핸사드를 따라가기 위해서였다. 어디로 향하는지, 얼마나 걸리는지 모르는 채로 우리는 변해 가는 버스 밖 풍경을 바라볼 뿐이었다. S의 낡은 MP3에서는 〈원스〉 OST가 흘러나왔다. 영화 여행을 하는 나를 위해 S가 준비한 작은 선물이었다. S는 그런 사람이었다. 굳이 누군가를 위해 시간을 들이는 사람. 조금은 촌스러워도 위로가 되는 곡들로만 가득 채워진 MP3 같은 사람. 나는 그녀의 노래를 들으며 불규칙하면서도 잔잔한 흔들림에 스르르 눈을 감았다.

"Hello, Welcome to Kimmage."

어느덧 83번 버스는 종점에 도착해 있었다. 목적 없이 떠나온 우리 곁에선 시간도 길을 잃은 듯했다. 어슬렁어슬렁 한적한 시골 마을을 둘러보다 길에서 만난 아저씨에게서 이곳이 키미지(Kimmage)라는 지역이라는 걸 전해 들었다. 더블린에서 30분 정도 떨어진 곳에 위치한 작은 마을. 서로의 모습을 카메라에 담던 우리는 종전에 타고 온 버스에 다시 올라탔다. 그렇게 우리의 무작정 버스 여행은 스펙터클한 모험이나 큰 사건 없이 끝이 났지만 그저 이렇게 하루를 흘려보내는 것도 나쁘지 않다는 생각이 들었다. 여행의 모든 순간이 거창할 필요는 없다. 흔들리는 2층 버스에서 찍은, 온통 초점이 나간 사진들만 봐도 이날을 떠올릴 수 있을 테니.

저녁이 오기만을 기다리던 우리는 리피 강변에 자리한 아이리시 펍으로 들어갔다. 더블린에서 가장 유명하다는 템플 바는 아니었지만 "펍을 피해서 더블린을 걷는다는 것은 마치 퍼즐게임을 벌이는 것과 같다."던 제임스 조이스의 말처럼 어디에든 펍이 있었기에 비교적 사람이 덜 붐비는 곳의 문을 열었다. 바에서는 기네스 한 잔을 앞에 놓고 대화를 나누는 사람들 뒤로 라이브 공연 소리가 들려왔다. 템플 바에서 주로 공연을 한다는 아일랜드 전통 민요는 아니었지만 잔잔한 통기타 소리가 하루를 마무리하는 엔딩곡으로 딱이었다.

기네스 한 잔씩을 기분 좋게 비우고 우리는 다시 더블린의 차가운 공기 속으로 걸어 들어갔다. 하늘에선 여전히 비가 부슬부슬 내리고 있었다. 잿빛 하늘과 비에 젖은 거리, 우산 없이 걸어가는 사람들, 빨갛게 상기된 볼의 무뚝뚝한 얼굴들. 그 속에서 나는 고독을 써 내려갔을 지난날의 예술가들을 떠올렸다. 그리고 이 음울하면서도 익숙한 날씨가 베를린의 겨울과 닮았다는 걸 깨달았다. 더블린의 작가들은 그토록 더블린을 벗어나려 했다지만 난 아마, 베를린을 그리워하듯, 이곳을 그리워하게 될 것 같다.

알아들을 수 없는 말로
사랑을 고백하는 일

다음 날 아침, 거짓말처럼 맑게 갠 하늘을 올려다보며 숙소를 나섰다. 마르게타 이글로바가 자신의 속마음을 고백한 킬리니(Killiney) 언덕에 가기로 한 날이었다. 영화에서 두 남녀가 오토바이를 타고 향하던 곳은 더블린에서 30분 정도 떨어진 달키(Dalkey)라는 지역에 자리한 언덕으로, 해안가를 따라 오르는 내내 아이리시해가 내려다보이는 곳이었다.

다트(DART, Dublin Area Rapit Transit)를 타고 도착한 달키엔 뿌연 구름이 짙게 깔려 있었다. 구름 한 점 없는 하늘을 기대했지만 비가 내리지 않는 것에 감사하며 언덕을 올랐다. 킬리니 언덕의 정상인 오벨리스크까지 오르는 동안 크고 작은 비탈길과 오고 가는 발자국만으로 만들어진, 정돈되지 않은 산길을 지나야 했다. 구불구불한 산길은 힐레어 벨록이 묘사하듯 '서로 다른 성격과 영혼을 가진 사람을 만나는 기분'[1]이 들 정도였다.

"나와 같이 런던으로 가요. 난 진심이에요."

1 힐레어 벨록, 「구불구불한 길」, 『천천히 스미는』, 봄날의책, 2016

언덕의 가장 높은 곳에 다다르자 저 멀리 하늘에서 천사의 사다리가 내려오고 있었다. 그와 그녀도 이곳에서 천사의 사다리를 바라보고 있었을까. 벗어날 길 없는 가난과 삶의 본질적인 외로움이 구름처럼 끼어 있는 하늘 아래에서 한 줄기 빛나는 사랑을 꿈꾸었을까. 그래서 남자는 넌지시 물은 걸까. 아직도 남편을 사랑하느냐고. 하지만 알아들을 수 없는 말로 사랑을 고백해야만 하는 게 여자의 일이라는 걸, 우리는 알고 있다.

"Milujes ho(그를 사랑해)?"
"Miluju tebe(당신을 사랑해)."

하늘 위로 당신을 사랑한다고 답하던 여자의 사진을 들어 올렸다. 남자는 아마 나중에야 이 대답의 의미를 이해하게 될 것이다.

서로를
같은 노래로
기억한다는 것

마지막 날까지 우리는 비 내리는 거리를 걸어야만 했다. 우산을 들기는 했지만 사선으로 내리는 빗방울이 온몸을 적셨다. 글렌 핸사드가 'Say to me now'를 부르며 버스킹을 하던 그래프턴 스트리트(Grafton Street)와 밴드를 섭외하던 해리 스트리트(Harry Street)의 촬영을 마치고 나니 급기야 인쇄해 온 스틸컷이 비에 젖어 버렸다. 급하게 코팅 작업을 하고선 마지막 촬영 장소인 템블 바 스트리트(Temple Bar Street)로 향했다.

And I know that in the morning, I have to let you go

And you be just a man once I used to know

And for these past few days someone I don't recognize

This isn't all my fault, When will you realize

Looking at you leaving I'm looking for a sign

- Marketa Irglova, 'The Hill'

누군가를 바라볼 때 어깨 너머 서 있는 다른 이성을 함께 본다는 건, 다른 사람에게 전해져야 할 노래를 눈앞의 사람에게 불러 주는 일일 것이다. 영화의 마지막에서 런던으로 떠나는 남자와 남편이 돌아온 여자가 다시는 만날 수 없을 거라는 걸, 우리는 예감한다. 하지만 두 사람의 이별이 슬프지만은 않은 건 서로를 같은 노래로 기억할 수 있기 때문이 아닐까.

템플 바 스트리트에는 어쩐 일인지 수많은 외국 포토그래퍼들이 모여 있었다. 서로에게 방해가 되지 않는 곳에 우리도 자리를 잡았다. 얼굴이 빗물에 엉망이 되어 갔지만 전문가 포스를 풍기는 카메라들 사이에서 무사히 촬영을 마쳤다. 우산 밖으로 손을 뻗어 사진을 들고 있는 S의 손등이 비바람으로 빨갛게 물들어 있었다.

비행기 탑승을 기다리며 S가 보내 준 사진을 넘겨 봤다. 주로 혼자 여행을 하기 때문에 내 사진이 거의 없던 나는, 내 모습을 보고 조금 울컥해졌다. 어딘가에 집중하고 있는 나는 이런 표정을 하고, 친구 옆에선 이렇게 웃고, 촬영을 하는 뒷모습은 이렇구나. 아무도 알아주지 않던 지난 날들을, 나조차도 모르던 순간들을 선물받은 기분이었다.

영화의 장면을 여행하는 일이 영영 만날 수 없는 누군가의 흔적을 좇는 것처럼 느껴져 문득문득 쓸쓸해지곤 했었다. 내 얼굴 한 장 없는 사진 파일을 정리하면서 아무도 관심 갖지 않는, 수많은 엑스트라 중 한 명이 된 기분이 들기도 했다.

"카페에서 커피랑 빵 먹으면서 네가 영화 이야기 해 준 것도 기억나. 물론 맛도 있었지만 내가 영화 속 엑스트라가 된 기분이랄까? 주인공까지는 아니니까."

S의 말대로 우리가 영화의 주인공은 아닐지 모른다. 하지만 거리의 수많은 사람들 속에서 같은 장면을 바라보던 우리는, 서로를 같은 영화로 기억할 것이다. 그리고 나는 겨울비가 내리는 날이면 우산 밖으로 손을 뻗어 비를 그대로 맞아 내던 S의 붉은 손등을 떠올릴 것이다.

"좋아 보여요. 하고 싶은 일을 하고 있다는 게."

"하고 싶지 않은 일을 하지 않는 것뿐이에요."

카모메 식당

Kamome Diner

Helsinki, Finland

커피 한 잔의
위로

베를린으로 떠나온 지 2년이 지나가던 해의 여름. 이제는 집으로 돌아가도 좋을 것 같다는 생각이 들었다. 돌아간다는 것이 어떤 의미인지는 몰랐지만 돌아갈 때가 언제인지는 아는 사람처럼, 나는 3개월 뒤에 한국으로 떠나는 비행기표를 예약했다. 베를린에 길고 긴 겨울이 오기 전에, 내 마음에도 어둠이 내리기 전에 이곳을 떠나고 싶었기 때문이었다. 그리고 나는 마지막 여행을 하기로 했다.

"수줍기도 하지만 항상 친절하고 언제나 여유롭게만 보이는 게 핀란드인의 이미지였어요. 하지만 슬픈 사람은 어느 나라에서든 존재하나 봐요."
"세상 어딜 가도 슬픈 건 슬픈 일이고 외로운 사람은 외로운 거 아닐까요?"

내가 원해서 떠나온 베를린이었지만 분명 힘든 순간들은 존재했다. 언어도 인종도 전혀 다른 곳에서 감당해야 할 일들이 수없이 많았지만, 나는 유독 날씨 앞에 자주 무너졌다. 밤이 비처럼 내리는 베를린의 겨울은 말레피센트의 저주라도 걸린 듯 자도 자도 아침이 오지 않았다. 낮 3시부터 찾아오는 어둠은 혼자서 버티고 있던 나를 한순간에 슬프고 외로운 존재로 만들어 버렸다.

그럴 때면 촛불을 켜고 침대에 엎드려 영화의 재생버튼을 눌렀다. 핀란드 헬싱키의 한 모퉁이에 아담하게 자리한 카모메 식당에선 세 명의 여자들이 시나몬 롤을 굽고 있었다. 〈카모메 식당〉은 엄청난 고난과 시련을 극복하는 영화도, 인생의 깨달음을 주는 영화도 아니었지만 그저 나와 비슷한 고민을 안고 떠나온 누군가의 의연한 모습을 보는 것만으로도 위로가 되었다. 손님 하나 없는 작은 식당을 꾸려 나가는 사치에의 태연하고 침착한 태도에 외국생활로 구겨진 빨래 같던 내 마음에도 조금씩 볕이 들었다.

나는 한국으로 돌아가기 전에 그녀들을 만나고 싶었다. 무작정 찾아가 식당 앞을 서성이는 나에게도 정성스레 내린 커피 한 잔을 내어 줄 것 같았다. 방금 내린 커피의 온기와 노릇하게 익어 가는 시나몬 롤의 계피 향이 가득한 식당에 앉아 커피 잔을 두 손으로 감싸 쥔 채 마음속에 담아 두었던 말들을 꺼내 놓고 싶었다. "이제 돌아가려고요." 고백하듯 털어놓는 나에게, "어떤 선택을 하든 우린 당신이 행복하기를 빌어요."라고 말해 줄 것 같았다. 걱정으로 돌아서지 못하게 하는 단단한 미소로, 내가 없는 베를린이 조금은 쓸쓸할 거라는 말도 잊지 않고.

어쩌면
이 다리를
건너기 위해

6월, 핀란드의 날씨는 여전히 쌀쌀하기만 했다. 여름이 늦장을 부리는 게 분명했다. 챙겨 온 외투를 단단히 여미고 반타공항에서 헬싱키로 향하는 버스에 올랐다.

숙소는 헬싱키 시내와는 걸어서 30분 정도 떨어진 거리에 있었다. 늘 그렇듯 카메라와 사진을 가방에 담고는 이제 막 이사를 온 사람처럼 어색한 길을 걷기 시작했다. 숙소가 있던 Torkkelinmäki에서 헬싱키의 중심지로 가려면 바다를 가로지르는 커다란 다리를 건너야 했는데, 그럴 때마다 나는 어쩌면 이 다리를 건너기 위해 여기에 왔는지도 모르겠다는 생각을 했다. 아름다운 것을 보면 누군가의 안부를 묻고 싶어진다. 이 다리 위에서 나는 수많은 사람들을 떠올렸다.

단 하루면 헬싱키 시내를 둘러볼 수 있다지만, 온종일 고집스레 걷기만 하는 나에게 어울리는 말은 아니었다. 누군가는 길에서 시간을 버리느니 돈을 쓰겠다고 했지만 나는 길 위에서 보내는 시간을 낭비라고 생각하지 않았다. 헬싱키의 수많은 빈티지 매장을 둘러보는 대신, 저 먼 바다 끝 하늘과 맞닿은 지점에서 배가 사라지는 걸 지켜보거나 다가오는 비구름과 술래잡기를 하며 해 속에 숨어 다니는 일에 시간을 들였다. 하루 이틀이면 충분하다는 여행지에 4, 5일을 머무는 이유이기도 했다.

Pitkäsilta 다리를 건너 일직선으로 이어진 곳엔 헬싱키 대성당(Helsingin Tuomiokirkko)이 자리하고 있었다. 성당의 새하얀 외벽과 옥색의 돔이 구름으로 뒤덮인 어슴푸레한 하늘 아래에서 환한 빛을 내뿜고 있었다. 대성당을 지나 조금 더 바다 향이 나는 곳으로 걸어가니 아르텍, 마리메꼬, 스톡만 백화점 등 핀란드 브랜드와 명품 매장이 늘어선 에스플라나디(Esplanadi) 거리가 나왔다.

"어디론가 멀리 떠나고 싶었어요. 세계지도를 펴 놓고 눈을 감은 채 손가락으로 한 곳을 짚었는데 그곳이 핀란드였어요."

미도리가 『무민 계곡의 여름 축제』라는 책을 집어 든 곳은 에스플라나디 거리에 위치한 아카데미아 서점(Akateeminen Kirjakauppa)이었다. '국립 무민 핀란드어 전문학교'에 다닐 거라는 말로 가족들을 속이고 떠나온 그녀다운 책이었다.

아카데미아 서점은 핀란드를 대표하는 건축가이자 디자이너 알바 알토(Alvar Aalto)가 디자인한 곳으로 그의 세심한 디테일이 돋보이는 건축물이라는 평가를 받는 곳이었다. 일조량이 부족한 북유럽 국가이다 보니 자연 채광에 신경을 쓴다는 알바 알토의 철학을 그대로 반영하듯 1층부터 3층까지 통으로 뚫려 있었고, 천장에 난 창문에서 들어오는 햇살이 서점의 하얀 대리석을 더 환하게 비추고 있었다.

낯선 문자들로 가득한 책을 멀겋게 보다가 고개를 들어 2층으로 시선을 옮겼다. 사치에를 만난 미도리가 갓챠맨의 가사를 거침없이 적어 내려가던 카페 알토(Cafe Aalto)였다. 커피 내리는 소리가 아득하게 들려왔다. 알바 알토가 디자인했다는 황금빛의 조명 아래 사람들이 은은한 시간을 보내고 있었다.

21년간 다니던 회사가 문을 닫은 건, 그저 흘러가는 대로 하루하루 살아온 미도리의 인생에서 처음 겪는 변화였다. 그렇게 회사 밖으로 밀려난 미도리를, 가족들은 날짜 지난 달력 취급을 했다. 순순히 부모님의 뜻에 따라 직장에 다니고 잔심부름 같은 일을 하며 지내온 것뿐인데. 그녀는 재취업을 하기도, 그렇다고 결혼을 하기에도 어중간한 나이가 되어 있었다.

방 안에 앉아 머리만 쥐어뜯던 어느 날 미도리는 스탬프 하나 찍히지

않은, 깨끗한 여권을 발견하고 외국에 나가기로 마음먹는다. 구체적으로 외국어 공부를 하고 싶은 것도 아니고 무엇을 보고 싶은 것도 아니었지만 일단 떠나기로 결정을 하고 나니 몸속 저 밑바닥에서부터 뜨거운 것이 끓어올랐다.

영화의 원작 소설 『카모메 식당』에는 사치에와 미도리, 마사코 세 여인이 핀란드로 향하게 된 이유가 담겨 있다. 소설을 읽기 전까지 나는 줄곧 사치에에게서 나와 닮은 점들을 찾았었는데, 알고 보니 나는 미도리에 가까운 사람이었다. 언어도 직장도 준비 없이, '지금이 아니면 안 될 것 같다'는 생각만으로 베를린으로 떠나버린 나는 미도리만큼이나 대책이 없었다.

카페 알토에 자리를 잡고 앉아 라테 한 잔을 주문했다. 메뉴판에는 영어와 일본어가 나란히 쓰여 있었고, 드문드문 일본 사람들이 눈에 띄었다. 이곳 어딘가에서 핀란드 요리책을 뒤적이고 있을 사치에가, 혹은 지금 막 헬싱키에 도착한 나와 닮은 미도리가 날 알아봐 주길 바라는 마음으로 조심스레 사진을 들어 올렸다.

일상에 음표를
덧붙이는 일

갈매기들이 누군가 떨어트린 빙어 조각을 차지하려고 달려들었다. 카우파토리(Kauppatori)에서는 사방에서 불어오는 바람처럼 벌어지는 일이었다. 멀리 날아가지도 않고 선창가를 어기적거리다 그저 떨어진 물고기만 주워 먹는 갈매기들은 통통하게 살이 올라 있었다. 갈매기들이 날아오를 때는 순진한 누군가가 빙어튀김이 수북이 담긴 쟁반을 들고 서성거릴 때뿐이었다. 그 비대한 몸뚱이를 들어 올려 쟁반 위의 물고기를 낚아채는 모습이란!

마켓 광장에 늘어선 노천 재래시장에는 좌판을 깔고 물건을 파는 상인들로 넘쳐 났다. 털로 짠 모자, 동물 가죽으로 만든 러그에서부터 채소, 과일 등의 신선한 식재료가 테이블 가득 쌓여 있었다. 시장에서 장을 보는 건 지루한 일상에 음표를 덧붙이는 일이라던 어느 작가의 말이 떠올라 새빨갛게 익은 주먹만 한 파프리카 한 알을 종이봉투에 담았다. 생각보다 비싼 가격에 음표는 반으로 줄어들었지만 그래도 콧노래는 흘러나왔다.

연어구이, 오징어튀김, 빙어튀김 등 헬싱키의 해산물 요리를 판매하는 노천 식당도 줄지어 서 있었다. 비교적 저렴한 가격에 쟁반 가득 해산물을 맛볼 수 있는 광장 위 오픈 레스토랑은 언제나 사람들로 북적였다.

몸을 스치는 쌀쌀한 바닷바람에 어깨를 웅크리며 노천카페로 들어갔다. 거창한 메뉴는 아니었지만 바다를 마주 보고 앉아 커피를 마시는 것만으로도 마음에 새겨지는 것들이 있었다. 그래도 갈매기에게 팬케이크를 빼앗기기는 싫었다. 조심스럽게 카페 안쪽에 자리를 잡고 앉아 갓 내린 뜨거운 커피를 호로록 들이켜며 생각했다. '저 중에 갈매기 조나단 리빙스턴은 없을 거야.'

소설『갈매기의 꿈』에 등장하는 갈매기, 조나단 리빙스턴은 여느 갈매기처럼 먹이를 구하기 위한 비행은 하지 않는다. 조나단에게 중요한 것은 먹이가 아니라 비행 그 자체였다. 단조롭게 낚싯배를 왔다 갔다 하는 것 이상의 사는 이유를 깨닫기 위해, 자유롭게 날 수 있는 자신을 발견하기 위해 조나단 리빙스턴은 동료들의 비웃음과 부모님의 한숨 섞인 잔소리에도 굴하지 않고 자신을 위한 수행을 계속해 나갔다.

나는 〈카모메 식당〉을 보며 갈매기 조나단 리빙스턴을 떠올리곤 했다. 물고기 머리만 쫓아다니는 대신 2,400m 상공으로 날아오른 갈매기 조나단은, 일본이라는 익숙한 일상을 벗어나 자신만의 식당을 열기 위해 핀란드로 날아온 사치에와 닮아 있었다.

"핀란드 갈매기는 어딘지 모르게 태평스럽고 뻔뻔한 것이 마치 자신을 닮은 것 같은 기분이 들었다. '갈매기라… 그럼 카모메 식당…으로 할까요?'"[1]

사치에는 스스로를 통통하게 살이 오른 갈매기라고 말했지만, 나에게 그녀는 꿈을 향해 날아오른 갈매기 조나단 리빙스턴이었다. 광장 위 갈매기들은 여전히 뒤뚱거리며 걷다가 날개를 퍼덕이며 뛰어오르기를 반복하고 있었다. 곧 비가 내릴 것처럼 하늘의 기운이 심상치 않았다. 남은 커피를 한입에 털어 넣고는 카페를 빠져나왔다. 그녀들을 만나러 갈 시간이었다.

1 무레 요코, 『카모메 식당』, 푸른숲, 2011

하고 싶지 않은 일을
하지 않는 것

차분한 감성의 건물들 사이에 앙증맞은 갈매기 한 마리가 그려진 하늘색 간판이 빼꼼 고개를 내밀고 있었다. Ravintola KAMOME. 카모메 식당이었다. 조그맣게 'かもめ食堂'이라고 써 놓은 유리벽에 얼굴을 바싹 대고 가게 안을 들여다보니 어쩐 일인지 손님이 한 명도 없었다. 이마저도 영화 속 그대로라니. 웃어야 할지 울어야 할지 복잡하면서도 두근거리는 마음으로 문을 열었다.

"いらっしゃい(어서오세요)."

꿈결처럼 들려온 인사말에 나도 모르게 "こんにちは(안녕하세요)." 하고 대답해 버렸다. 사..치에? 멍해진 머리로 또르륵 눈알을 굴리며 의자에 앉으니 목소리의 주인이 경쾌한 발걸음으로 다가와 메뉴판을 건넸다. 어정쩡한 자세로 메뉴판을 받아 든 채 바라본 그녀는 아담한 키에 따뜻한 미소를 지니고 있었지만 일본인처럼 보이지는 않았다. 도리어 일본인이냐고 물어 오는 말에 나는 "한국인이지만 일본어는 조금 할 줄 안다."고 대답했다.

"ええ-すごい(대단해요)!"라는 감탄에 어색하게 웃어 보이며 맥주 한 잔을 주문했다. 그녀는 일본어를 공부하는 핀란드인으로 카모메 식당

에서는 웨이트리스로 일하고 있는 중이라고 했다. 이름을 알려 주었는데 도무지 따라할 수 없는 발음이었다. 미안함과 민망함이 뒤섞인 표정을 지었더니 괜찮다며 싱그러운 웃음을 지어 보였다.

카모메 식당은 영화 개봉 이후 몇 차례 그 모습을 바꾸었지만 2015년 일본인 오가와 히데키가 식당을 인수하면서 영화 속 모습을 다시 찾을 수 있었다. 핀란드와 일본의 문화를 연결하는 장소로 만들고 싶었던 오가와씨는 사치에가 그랬던 것처럼 오니기리와 사케 등 일본의 전통음식과 핀란드의 제철 요리를 함께 판매하고 있었다. 하늘색 에이프런을 두른 웨이트리스는 좋은 재료를 선별하듯 신중하게 단어를 골라 정갈하게 접시에 담았다. '2015년, 오가와.. 히데키..' 삐뚤빼뚤 일본어를 적어 내려가는 서툰 손님을 위한 배려였다.

"좋아 보여요. 하고 싶은 일을 하고 있다는 게."
"하고 싶지 않은 일을 하지 않는 것뿐이에요."

식당의 크고 작은 부분들은 영화와는 조금 달라져 있었지만 식당을 감싸고 있는 봄처럼 포근한 공기는 그대로였다. 통유리로 들어온 햇살이 원목 테이블에 걸터앉은 모양과 천장에 달린 검은색 벨 조명이

마음을 차분하게 했다. 갈매기가 그려져 있는 물병에서 물을 따라 마시고는 꿈 같은 순간들을 카메라에 담았다. 그렇게 아무도 없는 식당에서 혼자만의 시간을 이어 가고 있는데 일본인 모녀가 들어와 자리를 잡았다. 〈독수리 5형제〉를 좋아하는 청년, 토미 힐트넨이 주로 앉던 창가 자리였다.

모녀가 주문한 음식이 나오는 것을 보며 식당을 빠져나왔다. 어느새 구름이 걷히고 하늘이 말간 얼굴을 내밀고 있었다. 상상한 그대로의 장소를 만나는 건 몇 번을 반복해도 설레는 일이었다. 여전히 꿈에서 덜 깬 얼굴로 망설임 없이 걸었다. 오늘은 이 꿈에서 깨지 못할 것 같았다.

얼마 가지 않아 길을 잘못 들었다는 사실을 깨달았다. 그렇게 길을 잃고도 기분이 좋으면 무작정 걷는 버릇은 어디서든 계속되었다. 정신을 차리고 지도를 켰다. 숙소와 정반대 방향으로 걸어가고 있었다.

"배고파."

오후 4시가 되어 가도록 먹은 거라곤 마켓에서 먹은 팬케이크와 조금

전에 마신 맥주 한 잔이 다였다. 길에 보이는 레스토랑에 무턱대고 들어가기에는 돈이 부족했다. 여행자의 낭만도 헬싱키의 물가를 따라가진 못했다. 골목골목을 두리번거리며 간단하게 배를 채울 만한 게 뭐가 있을까 찾고 있는데 오전에 산 파프리카가 떠올랐다. 이젠 이 파프리카를 맛있게 베어 물 장소가 필요했다. 편하게 쉬어 갈 수 있는 곳이면 좋고, 바다가 보이는 곳이라면 바랄 게 없었다.

지도를 켜고 가까운 공원을 찾았다. 조금만 걸으면 카이보푸이스토(Kaivopuisto)라는 섬만 한 크기의 공원이 나타날 거라고 지도는 말하고 있었다. 조금 속도를 내어 종종걸음으로 도착한 공원은 넓은 들판에 오솔길처럼 산책로가 나 있는, 공원이라기보다는 동산이라는 말이 더 어울리는 곳이었다. 대충 자리를 잡고 먹으려고 했지만 오리들이 사방으로 걸어 다니며 배변활동을 한 탓에 더 높은 곳으로 이동해야 했다. 오랜만의 등산에 숨은 헉헉거리면서도 파프리카 생각에 입이 귀에 걸려 있었다. 그러고도 몇 분이 더 지나고 나서야 정상에 오른 나는 눈앞에 펼쳐진 바다 앞에서 소리 없이 무너졌다. 구름이 면사포처럼 드리워진 잔잔한 바다는 시간도 숨을 멈춘 듯 바람마저 고요했다. 서랍에 담아 두었다가 힘든 순간마다 꺼내 보고 싶은 풍경이었다.

코끝이 빨갛게 시렸다. 처음 받아 보는 종류의 위로였다. 베를린에도
바다가 있었다면 조금은 덜 외로울 수 있었을까. 그대로 돌바닥 위에
앉아 시간의 조각을 차곡차곡 마음에 담았다.

마음에 새긴 기억

무거운 몸을 간신히 일으켰다. 다른 사람들의 기척이 거의 느껴지지 않았다. 두꺼운 블라인드가 쳐져 있어 시간을 가늠하기 힘들었다. 새 벽까지 해가 지지 않는 백야가 계속되는 헬싱키에선 블라인드 없이는 잠들 수 없는 탓이었다. 시간을 확인하니 낮 12시가 지나 있었다.

지난 밤 카이보푸이스토 공원에서 돌아오는 길에 엄청난 비가 쏟아졌 다. 걸어도 걸어도 먹구름만 계속되는 길을 우산도 없이 카메라만 품 에 안은 채 30분을 내달렸으니 감기에 걸리지 않는 게 이상했다. 미련 하게 트램을 타지 않은 건 로일리 사우나에 갈 돈을 아끼기 위해서였 다. 빗속을 달리며 "꿈속은 개뿔!" 하고 소리 지르던 내 모습이 떠올라 고개를 저었다. 몸을 부르르 떨며 이불 속으로 기어 들어가는데 옆 침 대를 쓰는 일본인, 사에씨가 문을 열고 들어왔다.

"かぜ(감기)?" 하고 묻는 그녀를 향해 힘없이 고개를 끄덕였다. 눈썹 을 축 늘어트리는 사에씨를 보며 강아지 같다는 생각을 하던 찰나 숙 소에 있는 사우나를 해 보는 건 어떻겠냐고 물어 왔다. 사우나가 일상 인 핀란드에서는 공중목욕탕뿐 아니라 가정집이나 주거공간에도 사우 나가 마련되어 있었는데, 내가 묵는 게스트하우스에도 샤워실 내 2평 남짓한 공간에 사우나가 설치되어 있었다. 확실히 이 컨디션에 로일리

까지 가는 건 무리였다. 주섬주섬 챙겨 온 수영복을 꺼내다 혼자 하는 사우나에 무슨 수영복인가 싶어 도로 집어 넣었다.

샤워실의 문을 단단히 잠그고 사우나 안으로 들어갔다. 나무로 된 의자에 큰 수건을 깔고 앉아 스태프 언니가 일러준 대로 뜨겁게 데워진 돌 위로 찬물을 부었다. 신기하게 물을 붓자마자 순식간에 수증기가 피어올랐다. 평소 숨 쉬지 못할 정도의 습한 공기가 싫어 사우나를 꺼렸었는데 2평짜리 나만을 위한 사우나가 생기니 적당한 온도와 습도를 유지할 수 있었다.

휴대폰 대신 챙긴 책을 읽다 말다 하는 이 시간이 꽤 마음에 들었다. 비록 사우나 가운을 두르고 로일리 펍에 앉아 맥주를 들이켜는 꿈은 이루지 못했지만, 나른하게 즐기는 가정식 사우나도 누구나 즐길 수 있는 건 아니었다. 뿌옇게 수증기가 맺힌 문에 손바닥 자국을 냈다. 곧 사라질 흔적이었지만 이 순간을 어디에든 남기고 싶었다. 전기스토브 위로 한 번 더 찬물을 부었더니 금세 자국이 사라졌다. 그래도 괜찮았다. 마음에 새긴 기억은 절대 사라지지 않을 테니까.

* **카페 우르슬라** 사치에, 미도리, 마사코 그리고 핀란드인 리사가 사우나에 가기 전 테라스에 앉아 햇살을 즐기던 카페 우르슬라는 멋지게 드리워진 차양 아래에서 바닷가를 보며 한낮의 시간을 보낼 수 있는 곳이다.

우리에겐
숲이 있어요

"그런데 왜 핀란드인들은 그렇게도 고요하고 편안해 보이는 걸까요?"
"숲. 우리에겐 숲이 있어요."

어젯밤 평소보다 이른 시간에 잠에 들어서인지 조금 일찍 아침을 맞았다. 잠옷 차림에 겉옷만 걸친 채로 테라스에 서서 입김을 불었더니 더운 날숨이 하얗게 퍼져 나갔다. 금세 차가워진 발등을 비비며 '게으른 놈' 하고 헬싱키의 여름을 향해 빈정댔다.

라운지에 멍하니 앉아 뜨거운 수프를 휘휘 저었다. 머릿속으로 오늘 둘러볼 곳을 정리하고 있는데 누군가 손가락으로 톡톡 어깨를 두드렸다. 사에씨였다. 그녀의 손이 무지개를 그리듯 허공을 날아 복도에 붙은 알림판을 가리켰다.

'6월 24일 하지(Juhannus)'. 본격적으로 여름이 시작되는 하지는 핀란드의 국경일 중 하나로 도시 곳곳에서 축제가 열리는 날이었다. 그 말은 거의 모든 상점이 문을 닫는다는 의미이기도 했다. 게으른 놈이라 욕하던 나를 비웃기라도 하듯 헬싱키의 여름은 문 앞으로 바싹 다가와 있었다. 애꿎은 손가락만 꼼지락거리다 아침으로 먹은 인스턴트 수프 상자를 집어 들었다. 버섯(Sieni) 수프였다.

"갈 곳은 정하셨나요?" 사에씨가 물었다.
"숲에 다녀오겠습니다."

마사코가 버섯을 따러 간 누크시오 국립공원(Nuuksio Kansallispuis
to)은 헬싱키에서 기차로 30분 정도 떨어진 에스포(Espoo)라는 지
역에 위치해 있었다. 헬싱키 중앙역에서 간단한 간식을 사서 기차에
올랐다. 몇 개의 역을 지나쳐 에스포역에 도착했고 다시 버스로 20분
정도를 더 달려 인포메이션 센터가 있는 할티아(Haltia)에 내릴 수 있
었다.

누크시오 국립공원은 난이도별 트레킹 코스가 나뉘어 있었는데 트레
킹 초보자인 나는 센터에서 추천해 주는 주황색 코스를 걷기로 했다.
할티아에서 시작해 〈카모메 식당〉의 포스터를 촬영한 호수가 있는 하
우카람피(Haukkalampi)에서 끝나는 코스였다. 혼자 숲속을 걷는 게
겁이 나기도 했지만 나무에 부착된 주황색 푯말만 따라가면 길을 잃
을 일이 없는 간단한 트레킹이었다. 하지만 문제는 내가 방향치라는
점이었다. 초반에는 푯말이 가리키는 방향이 익숙하지 않아 이상한
길로 빠지기도 하고 두리번거리며 푯말을 찾느라 혼이 나갈 정도였
다. 등산의 무서운 점은 뒤를 돌아봤을 때 내가 어디서 걸어왔는지를

알 수 없다는 점이었다.

주황색 코스는 가파른 산이 아니라 비교적 평탄하고 나무가 빼곡한 숲길을 따라 걷는 정도였다. 물이 많은 지형 탓에 숲 사이사이 늪과 진창 구간들이 간혹 있었지만 바닥에 놓인 나무다리를 따라 건너면 무리 없이 늪지대를 통과할 수 있도록 길이 잘 갖추어져 있었다.

오가는 사람이 거의 없는 숲속을 오로지 혼자 걷는 기분은 난생처음이었다. 새들의 노랫소리를 들으며 걷다가도 자작나무 사이로 스스스 바람이 불어오면 조용히 눈을 감고 숲의 소리에 집중했다. 커튼처럼 드리워진 빛은 계속 나를 멈춰 서게 했고, 가만히 푸른 숨을 들이마시면 몸 깊숙한 데에서부터 바람이 일었다. 핀란드 사람들이 숲에 요정이 산다고 믿는 이유를 알 것 같았다.

코스의 끝, 하우카람피 호수에 도착하니 5시간이 지나 있었다. 보통 3~4시간이 걸리는 거리였다. 털썩 벤치 위에 주저앉아 신경질적으로 카메라를 가방에 담았다.

'그렇게 열심히 찾았는데.' 걷는 내내 나무 아래를 유심히 살폈지만

마사코가 가방 한가득 담아 온 황금빛 버섯은 찾을 수 없었다. 일본에서 가져온 짐을 잃어 버린 대신 핀란드 숲에서 찾아낸 마사코의 버섯. 그건 마사코가 삶의 무게를 벗어던지고 나서 되찾은 여유였다. 나는 정말이지 열심히 버섯을 찾아 헤맸다. 축축한 풀숲에 손을 넣어 가며, 무릎을 굽히고 돌멩이를 치워 가며. 자꾸 다른 길로 샌 데에는 버섯을 찾으려던 이유도 있었다. 역시 난 베를린에 남고 싶었던 걸까. 일본으로 돌아가려다 계속 식당에 남기로 한 마사코처럼?

하우카람피 호수에 둥둥 떠 있는 잎사귀들을 바라보며 손에 묻은 흙을 탁탁 털어 냈다.

구름처럼 천천히

마지막 날이었다. 저녁 비행기를 타기 전까지 헬싱키 시내를 한 번 더 둘러보기로 했다. 혹시나 하는 마음에 아카데미아 서점을 찾았지만 문은 굳게 닫혀 있었다. 아무리 뛰어난 열쇠장인도 공휴일이라는 자물쇠는 열지 못할 거라는 생각을 하며 바다가 보이는 방향으로 걸었다.

언제든 바다를 향해 열려 있는 카우파토리의 노천 식당은 이미 사람들로 가득했다. 나도 얼른 대열에 합류해 주문을 하고는 입을 헤 벌린 채 지글지글 연어가 익어 가는 모습을 감상했다. 곧이어 먹기 좋게 포장된 음식을 받아 들곤 큰 보온병에 담긴 커피를 종이컵에 따랐다. 빙어튀김과 오징어튀김, 거기에 커피 한 잔이 포함된 세트였다.

노천 식당 지붕 위에 나란히 앉아 다음 타깃을 기다리고 있던 갈매기와 눈이 마주치자마자 서둘러 카우파토리를 빠져나왔다. 팔을 앞뒤로 휘적거리며 누구의 방해도 받지 않고 식사를 할 장소를 찾으려 두리번거리는데 높이 솟아 있는 우스펜스키(Uspenski) 성당이 눈에 들어왔다. 언덕 위에 지어져 있어 멀리서도 한눈에 보이는 곳이었다. '저기다.'

냉큼 성당 입구로 뛰어가 바위 언덕 위에 자리를 잡고 앉았다. 포장해 온 튀김은 조금 눅눅해져 있었지만 마지막 만찬으로는 더할 나위 없었다. 고개를 들어 올려다본 하늘엔 구름이 제 속도를 지키며 지나고 있었다.

사에씨는 20대 때 크게 아팠다고 했다. 어떤 병이었는지 말해 주었는데 내가 알아듣지 못하자 가슴에 손을 얹고서는 두세 번 토닥였다. 그게 심장을 가리키는 건지 마음이 아프다는 건지 이해하지 못했지만 묻지 않았다. 직장에 들어간 후에도 2~3년에 한 번씩은 병원에 입원해야만 했고 그때마다 자신의 자리는 금세 다른 누군가로 채워져 있었다. 10년을 다닌 회사에서도 상황은 달라지지 않았다. 10년이나 일해 온 자신을 완벽하게 대신할 사람이 있다는 사실을 깨달은 그녀는 회사를 그만두었다고 했다.

"우리는 누군가의 대체 인간이더라고요." 하고 사에씨는 말했다. 마치 남 이야기를 하듯 덤덤한 어조였다. "대체?" 하고 되묻자 "대신하는 거요."라며 국어선생님 같은 얼굴로 웃어 보였다.

"구름이 참 느리네요." 시벨리우스 공원에 가자는 말을 시리우스 블랙(『해리포터』의 등장인물)으로 알아듣고 따라나선 날이었다. 멋쩍은 웃음을 지으며 공연히 올려다본 하늘엔 목련처럼 하얀 구름이 피어 있었다. 그렇게 우리는 몇 분간 말없이 하늘을 바라보았고, 좀처럼 속도가 나지 않는 구름을 보고 있자니 나도 모르게 "느릿느릿, 내 인생 같아요."라는 볼멘소리가 흘러나왔다.

"그렇네요." 사에씨는 단어를 고르는 듯하더니 천천히 말을 이었다. "구름처럼 움직이지 않는 듯 움직여서 여기까지 왔네요."

언덕을 내려오는 길에 사에씨와 마지막 인사도 나누지 못했다는 걸 깨달았다. 어느새 구름은 저만치 멀어져 있었다.

우리에겐 각자 감당해야 할 밤이 있다. 어떤 모습으로 하루를 보냈든 밤하늘 아래에서 우리는 우리의 모습으로 돌아간다. 다시 돌아온 베를린의 밤. 익숙한 밤공기에 깊은 숨을 내쉰다. 그래, 헬싱키엔 밤이 없었지. 나를 혼자로 만들어 버리는 이 짙은 어둠이 싫어 한국으로 돌아가려는 거였으면서. 그새 밤이 그리웠나 보다.

더듬더듬 어두운 복도를 지나 내 방으로 들어간다. 배낭을 아무렇게나 벗어 두고는 침대 위에 드러누워 익숙한 냄새에 눈을 감는다. 겨우 몇 시간이 지났을 뿐인데 완전히 다른 세상에 다녀온 기분이다.

'이대로 잠들면 안 되는데.'

간신히 몸을 일으켜 모서리가 다 해져 버린 배낭을 연다. 투박한 가방 속 노트북, 카메라, 채 마르지 않은 속옷과 수건, 못다 읽은 책, 세면도구가 제자리를 찾으면 그제야 나도 일상의 옷으로 갈아입는다. 여행은 끝났다.

"하고 싶지 않은 일을 하지 않는 것뿐이에요."

하고 싶지 않은 일을 하지 않기 위해선 어떻게 살아야 하는 걸까. 오래도록 풀리지 않던 문제의 답은 소설 속에 있었다. 사치에의 비밀은, 복권에 당첨되었다는 사실이었다. 허허허. 어쩐지 그 여자, 손님이 없어도 태평하더라니. 밤이 없던 헬싱키처럼, 사치에가 늘 햇살 같은 미소를 유지할 수 있었던 건 순전히 이 비밀 덕분이었을지도 모른다.

한편 나는 알고 있다. 현실적인 부분이 해결이 되어야만 낭만 속에서 살 수 있다는 것을. 그러니 나는, 우리는, 하고 싶은 일을 하기 위해 하고 싶지 않은 일을 하면서, 구질구질한 이 현실 속에서도 지조를 지키며 각자의 밤을 견디면서 살아갈 수밖에.

끝마치며

지금 하려는 이야기는 그리 새로운 이야기는 아니다. '여행은 돌아오는 것'이라는 뻔한 말을 하려는 걸지도 모른다.

긴 여행을 끝마친 후 일상으로 돌아오기까지 그리 오랜 시간이 걸리지 않았다. 언제 여행이라도 떠났었냐는 듯, 내가 베를린에 살기라도 했었냐는 듯. 영화 속을 거닐던 날들은 일상에 파묻혀 점점 희미해졌다. 생각보다 너무 빨리, 너무 쉽게 제자리를 찾았다. 그렇게 모든 게 조금씩 잊혀 갈 무렵 영화 한 편이 다가왔다.

패터슨시에 사는 버스 운전기사 패터슨의 일상을 다룬 이야기였다. 매일 같은 시간에 일어나 버스 운전을 하고, 단골 펍에서 맥주 한잔을 마시며 하루를 마무리하는 패터슨의 일상. 우리와 크게 달라 보이지 않는 그의 삶이 영화처럼 느껴졌던 건, 매일 반복되는 일상을 소재로 시를 써 내려가기 때문이었다. 늘 제자리에 놓여 있던 성냥은 시상이 되고 매일 마주치는 쌍둥이는 운율이 되며 펍에서 일어나는 크고 작은 사건들은 변주가 된다. 일상에 귀를 기울이며 시를 써 내려가는 일. 그렇게 패터슨의 일상은 예술이 된다.

영화처럼 살고 싶었다. 아무 일도 일어나지 않는 무미건조한 삶이 아니라 영화 같은 일들이 일어나는 삶을. 하고 싶은 건 많은데 되고 싶은 건 없는 내 인생과, 원하는 걸 척척 이루어 가는 스크린 속 주인공의 인생을 맞바꾸고 싶었다.

하지만, 영화 〈패터슨〉은 나의 이 보잘것없는 날들도 영화가 될 수 있다고 말한다. 1920년대의 파리로 시간여행을 떠나거나, 세계적인 스타와 사랑에 빠지지 않아도 충분히 영화 같다고. 언젠가는 써먹을지도 모를 외국어를 공부하고, 아무도 봐 주지 않는 사진을 매일 업로드하고, 나를 위한 음식을 만들어 맥주 한잔으로 하루를 마무리하는, 지루하다는 말 뒤에 가려진 소소한 순간들을 외면하지 않는다면 우리의 일상도 시가 되고 영화가 될 수 있다고.

"패터슨의 버스 운전기사. 아주 시적이네요."
패터슨은 말하고 있었다.

Thanks to 여행을 함께해 준 친구들과 일부 사진을 제공해 준 나현, 송미, 마리님, 이 프로젝트의 시작을 함께해 준 송시현에게 특히 감사드린다.

영화 속 순간들

R. de Santa Catarina 24,
1200-402 Lisboa, Portugal

Praça São João Bosco 568,
1350-295 Lisboa, Portugal

R. São Pedro de Alcântara,
1200-470 Lisboa, Portugal

Av. Brasília, 1300-598 Lisboa,
Portugal

R. Amorim 2, 1950-022
Lisboa, Portugal

Av. Infante Dom Henrique 1,
1100-105 Lisboa, Portugal

Europaplatz 2, 1150 Wien,
Austria

Wienfluss, Wien, 1030 Wien,
Austria

Windmühlgasse 10, 1060
Wien, Austria

Riesenradplatz 1, 1020 Wien, Austria

Franziskanerpl. 3, 1010 Wien, Austria

Gumpendorfer Str. 11, 1060 Wien, Austria

Albertinaplatz 1, 1010 Wien, Austria

Preßgasse 4, 1040 Wien, Austria

37 Rue de la Bûcherie, 75005 Paris, France

Rue des Jardins Saint-Paul, 75004 Paris, France

14 Rue Jean-Macé, 75011 Paris, France

1 Coulée verte René-Dumont, 75012 Paris, France

Seine

84 Rue Claude Monet, 27620 Giverny, France

Place Sainte-Geneviève, 75005 Paris, France

41 Rue Monsieur le Prince, 75006 Paris, France

37 Rue de la Bûcherie, 75005 Paris, France

99 Rue des Rosiers, 93400 Saint-Ouen, France

6 Quai de la Mégisserie, 75001 Paris, France

4 Parvis Notre-Dame - Pl. Jean-Paul II, 75004 Paris, France

Pont Alexandre III, 75008 Paris, France

142 Portobello Rd. London
W11 2DZ England

13 Blenheim Cres, London
W11 2EE England

214 Portobello Rd, London
W11 1LA England

280 Westbourne Park Rd.
Notting Hill, London W11
1EH England

Rosmead Rd. London
W11 2JG England

59 Brondesbury Rd.
North Maida Vale,
London NW6 6BP England

102 Golborne Rd, London
W10, England

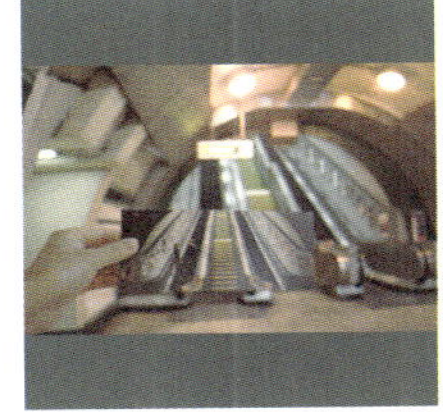

Elgin Ave, Maida Vale,
London W9 1JS England

Victoria St, Victoria, London
SW1E 5ND England

King Edward Street, London
EC1A 7BT England

30 The Queen's Walk,
South Bank, London
SE1 England

3-11 Westland Pl, Hoxton,
London N1 7LP England

Queensway, London W2 4YN
England

Grafton St, Dublin, Ireland

Harry St. Dublin Ireland

69 South Great George's
Street, Dublin 2, Ireland

18 Mount Auburn,
Scalpwilliam, Dalkey, Co.
Dublin, A96 W5C1 Ireland

Temple Bar, Dublin, Ireland

Pohjoisesplanadi, 00101
Helsinki, Finland

Pohjoisesplanadi 39, 00101
Helsinki, Finland

Eteläranta, 00170 Helsinki,
Finland

Eteläranta, 00170 Helsinki,
Finland

Hämeentie 1a, 00530
Helsinki, Finland

Pursimiehenkatu 12, 00150
Helsinki, Finland

Ehrenströmintie 3, 00140
Helsinki, Finland

Ehrenströmintie 3, 00140
Helsinki, Finland

Nuuksion kansallispuisto,
Haukkalampi

당신이 나와
같은 시간 속에
있기를

| 초판 1쇄 | 2018년 4월 23일 |
| 초판 2쇄 | 2018년 6월 18일 |

지은이	이미화
발행인	유철상
기획	주인지, 조종삼
편집	김유진, 이유나, 이정은
디자인	주인지, 조정은, 조연경, 이혜수
마케팅	조종삼, 최민아

펴낸곳	상상출판
출판등록	2009년 9월 22일(제305-2010-02호)
주소	서울시 동대문구 정릉천동로 58, 103동 206호(용두동, 롯데캐슬피렌체)
전화	02-963-9891
팩스	02-963-9892
전자우편	cs@esangsang.co.kr
홈페이지	www.esangsang.co.kr
블로그	blog.naver.com/sangsang_pub
인쇄	다라니

ISBN 979-11-87795-69-8(13980)
ⓒ 2018 이미화